U0004987

照護、餵食、互動、疾病、健康管理的全方位指南一本通！

第一次養文鳥就上手

文鳥：育て方、食べ物、接し方、病気のことがすぐわかる！

伊藤美代子 著　　淺田Monica 譯

晨星出版

文鳥照相館
用雙手捧起來
Java sparrow

攝影：Opi～Toumoto
文：伊藤美代子

比絲綢更加柔軟，
又像小暖爐般溫暖的文鳥。
有時會撒嬌似地
鑽進飼主的手掌心，
有時候又會看著飼主的臉想著：
「就讓你捧著我吧。」

像棉花糖一樣
軟呼呼的「白文鳥」

「有煩惱的時候就依靠我吧」
謝謝你,溫柔的小鳥兒

等我長大了也會變成
「黑文鳥」對吧

看上去酷酷的「銀文鳥」
是深思熟慮的認真派

4

活潑的「櫻文鳥」
是討厭失敗的自信強者

給人愛撒嬌的溫柔印象。
有點老實的「奶油文鳥」

即便羽色相同，
仍擁有各自脾氣的文鳥們，
配對成功的難度
和人類不相上下。
要找到心意相通的對象
絕不是件容易的事。
可一旦遇到對的「牠」
便將深深傾注一生愛情。

「在夢裡也要陪著我喔」
「睡醒時也要在一起唷」

請留心別漏看了
來自文鳥的禮物

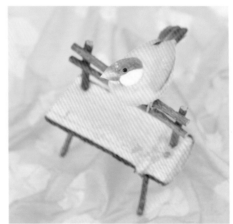

小小的雛鳥
大大的存在

一起快樂地
度過每一天吧

目錄

第一章
幼雛的照護

目次照片：Opi～Toumoto

前言

　　文鳥不僅擁有小型鳥類的清麗輪廓，更懂得信任飼主且不卑不亢。手養文鳥與飼主間的關係，在鳥類中頗為罕見。

　　社群軟體上常會見到文鳥飼主上傳的可愛照片，就連非鳥類愛好者都深深地為牠們著迷。然而，實際上文鳥的警戒心極強，只有最喜歡的飼主才有機會看見牠那可愛的神情。

　　本書將告訴您如何與文鳥相處、如何成為一名值得文鳥信賴與喜愛的飼主，以及如何守護自己心愛的文鳥。

　　願此書能協助各位與文鳥共度更多美好時光。

伊藤美代子

幼雛的照護

飼養手養文鳥最大的成就感就在於看著幼雛慢慢茁壯長大。當我們為鳥寶寶的可愛姿態與聲音著迷時，卻又透過牠們的成長感受到為人父母的喜悅與憂心。這些都是文鳥送給飼主們最獨一無二的禮物。

文鳥是什麼樣的鳥類？

照片來源：Opi～Toumoto

文鳥原產於印尼

文鳥（Jave sparrow）原產於印尼爪哇島與峇里島等高溫潮溼的地區。

黑色的頭部及尾羽，給人強悍的印象。主要棲息在城市裡，移動範圍廣，田間或海濱也能發現文鳥的蹤影。

然而，由於 1970 年代的過度繁殖，文鳥一度被視為稻米的害蟲，遭到驅逐導致數量銳減。目前受到《華盛頓公約》的嚴格規範，禁止進口至日本，印尼本土如爪哇島亦有相關保護活動。

日本的文鳥繁殖

於江戶時代首度進口至日本的野生文鳥，在當時便頗受歡迎，被以高價買賣。而後日本國內飼養文鳥的農家更擴大為擁有公會組織的團體。

因此日本國內繁殖的文鳥與野生文鳥漸顯差異，也較不畏懼人類。飼主透過「人工餵食」的過程增進鳥兒熟悉人類的程度，此種「手養文鳥」的飼養方法逐漸成為主流。

澆灌愛意所孕育而成的文鳥，不僅增添了生活的樂趣，更是飼主一輩子的好夥伴。

受文鳥深愛的飼主

文鳥是相當在意飼主的鳥類。牠們會記得飼主的生活習慣並調整作息；儘量不浪費任何時間，在固定的時段玩耍互動，其他時候則安靜地在旁休憩。

訓練文鳥「上手」的新手飼主必須特別注意的是，文鳥的愛恨分明，一旦被文鳥討厭，之後要修復雙方關係實屬困難。

上手訓練並不是嚴格的斯巴達教育，而是必須成為被鳥兒敬愛的存在。

迎接文鳥的到來

喜迎幼雛

一般可向寵物店或鳥類專賣店購買，或者透過同好者之間轉讓等方式取得文鳥。

文鳥價格因地區與品種而異，成鳥與雛鳥價格約在 2,000～15,000 日圓不等（折合新臺幣約 500～4,000 元）。

日本文鳥的繁殖季節通常為秋天到隔年春天，可於此半年間可購入幼雛。

挑選健康的個體

初次飼養文鳥的飼主常不知道如何分辨個體好壞，而以「投緣」與否等方式挑選鳥兒。每隻鳥兒各別的身體健康狀況都不同，尤其幼雛差異更加明顯，有些甚至必須緊急接受醫療救護。

在寵物店等地方選購文鳥時，不妨告知店員自己是初次飼養，或委託有飼養經驗的親友，請他們代為挑選健康的個體。若一時之間找

不到喜歡的鳥兒也切勿急躁，可以貨比三家，或者詢問店家進貨時間，以做出最明智的選擇。

運輸幼雛時的注意事項

寵物店雖會提供鳥用紙箱，但最好是能自行準備運輸用提袋，再將紙箱放入其中。

尤其幼雛在寒冬中恐因溫度變化造成身體不適，因此運輸時應使用暖暖包等物品將溫度保持在 30℃ 左右。此外，於商店購入文鳥後，應儘快打道回府，切勿在外逗留。

手養文鳥
展現愛意的方式

　　對於第一次養文鳥的人來說，最期待的就是鳥兒能夠站在自己的手上（又稱「上手」）。停駐在飼主手上或肩上、在你傷心的時候輕輕地依偎過來、自己鑽到手掌心裡、站在門把上等著你、聽到呼喚的時候乖乖飛過來……文鳥對飼主展現愛意的方式說也說不完。

　　不只如此，雖然文鳥表面上看起來愛撒嬌，但也有十分懂事的一面。例如飼主要出門前，文鳥可能會「不要走～」地大聲嚷嚷著；等飼主真正離去後，卻又會安靜地扮演好看家的角色。直到聽見飼主回來的腳步聲，才又開心地叫出聲來。文鳥就是如此聰明又懂得見機行事的鳥兒。

　　然而這些數不清的愛意表現，都必須建立在得到文鳥信賴與敬愛的前提下。「上手」並不是依靠強制命令，勉強為之甚至可能造成反效果。

　　請不要一心想著要文鳥言聽計從，而是應該站在鳥兒的立場思考如何維持彼此的關係以及增進情感的方式。

「幼雛」是什麼？

很快就能
親近人類的小生物

　　「手養文鳥的幼雛」聽起很特別，但意義上與野生鳥類的鳥寶寶無異，就是指文鳥的幼鳥。是特別纖細的寵物鳥所孕育的幼鳥。

　　然而，文鳥的幼雛生命力雖然堅韌，卻沒那麼好養，唯一獨特的地方大概是「喜歡人類」這一點。

　　話不多說，讓我們先移動到下頁來看看自然界中由鳥爸、鳥媽親自扶養長大的幼雛是如何生活的吧。

人工飼養時的注意事項

　　人工飼養幼雛時，請儘量維持與親鳥哺育時相同的環境。此時將會需要一個可控制溫度及溼度的隔離空間，即類似人類嬰兒保溫箱的作用。

　　由於無法從外觀判斷保溫箱的溫度及溼度，因此也要準備溫度計與溼度計。

自然界中的幼雛

一般約有六隻幼雛會緊密
地生活在鳥巢中,鳥巢中
的溫度為35℃上下。

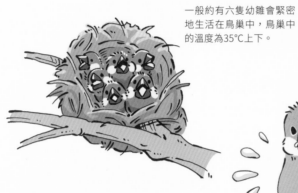

觸摸幼雛時可以感受到
溼潤的水氣。

一天12小時由親鳥供食,
幼雛在會飛之前絕不會離
開鳥巢。

親鳥無論雄雌都會負擔照
顧幼雛的責任。

親鳥會吃掉幼雛的糞便,
或將糞便含在口中再丟到
巢外。

櫻文鳥的成長歷程寫真

下列為雄櫻文鳥幼雛的成長紀錄。若不清楚剛購買的幼雛為幾日齡，可以下列照片作為參考。

鳥喙上有色素的幼雛為櫻文鳥，沒有的則為白文鳥。一般櫻文鳥幼雛的喙是全黑色，少部分因色素流失、鳥喙呈現粉紅色的個體，身上的羽毛也會變成白色的（請參見出生20日齡的照片）。

第9天

體溫很高，薄薄的皮膚呈現溼潤貌（約11克）

第12天

雙眼睜開，並長出許多羽軸（約16克）

第10天

已能看到飛羽的顏色了（約11克）

第13天

可看見頭皮內的羽軸顏色（約18克）

第11天

以粉狀食物（鳥奶粉）為主食（約15克）

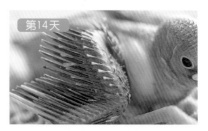

第14天

羽軸尖端開始長出羽毛（約20克）

第15天

主要的羽軸發育完成，也可觀察到幼雛全身的顏色分布（約23克）

第19天

已經能經常使用鳥喙來整理羽毛（約27克）

第16天

雙翅逐漸折起，慢慢有了像成鳥的形狀（約24克）

第20天

眼圈的黑色素逐漸浮現，愈來愈有櫻文鳥的模樣（約28克）

第17天

臉頰與外耳孔周圍的羽軸也長出來了（約25克）

第21天

出生三週後愈來愈活潑，但仍須生活在育雛室當中（約27克）

第18天

雙翅聚攏到背中央後，也開始會走路了（約27克）

第22天

羽毛的發育使其筋疲力盡，是幼雛容易夭折的階段（約28克）

幼雛開始蹦蹦跳跳（約29克）

第一次在鳥籠裡度過白天的時光（約27克）

學習及運動能力都慢慢提升（約28克）

照片中央的文鳥開始練習鳴唱，因此可確認其為雄性（約28克）

能以緩慢的速度飛行50公分左右了，初飛成功！（約28克）

只有在人工餵食時會靜止站立（約29克）

會飛之後，眼神也更有自信了（約26克）

逐漸可以自行進食

雛羽脫落，開始換羽

鳥喙的色素消失，轉為粉紅色

雛羽更迭為成鳥羽毛

鳥喙以及眼圈的紅色變得更加明顯

成鳥後

約一年後長為成鳥，體重固定在27克

顯性遺傳使頭部的白色羽毛逐漸增加

身體其他部位的白色羽毛也逐漸增加

和1歲時的顏色相比，已大不相同

出生後15 ～ 30日齡的照護

每日餵食次數

幼雛出生後約 14 天，是進行「人工離巢」（由人類將幼雛帶離鳥巢）的時間點。一般店家販賣的幼雛約為 15 日齡。為了使初學者容易飼養，商家通常會在進貨後的數日間將幼雛養在後院，再將其作為「手養幼雛」販售。

此時期的幼雛需要每間隔兩小時餵食一次，每日共六次（餵食方法請參照本書第 36 頁）。有些人可能會這樣想：「怎麼這麼麻煩？」但實際上，自然界中親鳥的餵食頻率是連休息時間都沒有的。

話雖如此，人類畢竟無法像親鳥一般細心，過度頻繁地餵食反而可能會因粗心而增加意外風險。因此考量到幼雛每次可進食的量與消化所需的時間，要養出健康的個體，每日餵食六次即為最低限度。

8:30　10:30　12:30　15:00　18:00　20:00

餵食與溫度管理的關係

　　出生後第 25 天左右開始，幼雛可自行進食的量日益增加，故根據不同時段，也可能會出現不理會人工餵食的情況。

　　此外，幼雛不耐低溫，若室內溫度過低，即便幼雛肚子餓也提不起食慾。應盡可能地將育雛室與餵食場所的溫差縮小，請準備暖器控制家中或幼雛所在空間的室內溫度。

　　特別是寒冬之際，為避免一整晚待在溫暖育雛室的幼雛在餵食時受到風寒，請務必確保屋內溫度升高後再進行動作。

每天量體重

　　可使用廚房料理秤來為幼雛秤重。照理來說應該要在幼雛空腹時量體重，但若擔心幼雛因緊迫而發生不願進食的狀況，改為進食後秤重也無妨。

　　幼雛每天的體重都會增加。一般只有在身體狀況出問題時，才會出現體重停滯的情形。此時請諮詢您信賴的獸醫，為幼雛安排身體健康檢查或檢討餵食方法。

觀察糞便

　　離巢前以蛋黃粟為主食的幼雛，其糞便外觀大且圓而飽滿，表面如被撐起的塑膠袋般充滿光澤。這是為了使親鳥能夠輕易地用嘴叼起糞便以保持巢內整潔。幼雛身體狀況不佳時，糞便就無法成形，外觀變小且如水般較稀。

　　只食用粉狀食物的幼雛糞便形狀亦不佳，看起來像拉稀，然此屬正常現象，與疾病無關。

　　無論糞便的樣態如何，幼雛學會飛行之後，糞便型態都將與成鳥相同。

出生後31～45日齡的照護

初次飛行是離巢的哨聲

當幼雛頭部的羽軸完全展開且身體都被羽毛包覆時，即是振翅飛翔的時機了。鳥兒的眼睛變得比之前更銳利，臉部表情也有所不同。若在育雛室前看到鳥兒向前低伏拍翅，則大約幾天後便能看見牠初次試飛的模樣。

剛開始的飛行距離大約只有30公分，待其習慣後便會使出全力翱翔。在鳥兒尚未熟悉房間大小時，可能會撞到東西或在錯誤地點著陸。也應記得檢查門窗是否緊閉，以及替玻璃與鏡面蓋上窗簾或布匹。過去也曾出現文鳥學飛時羽翼及頸椎骨折的案例，因此千萬不可不謹慎對待。

雖然初次飛行意味著「離巢」，但實際上此時的幼雛尚未具有自行獵食的能力。自然界中的幼雛會邊接受親鳥餵食，邊學習如何辨識與閃避危險事物。

嚴格的保溫恆溼

幼雛學會飛行後，即可在曬得到陽光的鳥籠裡度過白天的時光。

日本與文鳥的故鄉印尼不同，冬季較為寒冷，因此需要足夠的保溫與保溼。成鳥背部的觸感微冷，幼雛背部則微溫。這是由於幼雛的羽毛比起成鳥要薄得多，故保溫性欠佳。請務必謹記此時期的幼雛仍不耐寒。

讓幼雛自己進食

最快開始自行進食的文鳥幼雛約為28日齡，最遲可能延至60日齡，平均而言約為45日齡。當幼雛可自行攝取足量的食物後，則可能會對人工餵食失去興趣。幼雛健康狀況不佳或冬季環境溫度較低時，自行進食的時間點亦可能延後。

基本上自行進食並不需要特殊的訓練。只需要在一開始將小米穗連同幼雛一同放入育雛室中即可。一開始幼雛可能會踩踏、啃咬或把玩小米，但一段時間後便會自動意識到這是可以吃的東西，而開始進食。須注意小米穗易受糞便汙染，請每日更換。

一起來洗澡吧！

　　幼雛開始學飛後，就能教牠們洗澡了。初次看到水的時候，鳥兒可能會有點緊張，只是稍微洗洗臉。但天性喜歡沐浴的文鳥，大多數從第二次碰水就能享受沐浴了。

準備鳥兒沐浴用的澡盆

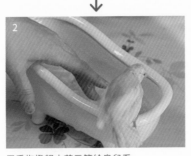

用手指撥起水花示範給鳥兒看

鳥兒便會模仿手指的動作

　　這樣就大功告成了。就算第一次沒有成功，通常也能引起幼雛的興趣，可以第二天再重複相同的動作。若將澡盆放在育雛室內，鳥兒時常在不知不覺間便會開始戲水，玩得溼答答。幼雛學會洗澡後，可用寵物看護墊取代廚房紙巾，以減少髒汙。

出生後46 ～ 60日齡的照護

辨別雄雌

　　成長快速的雄鳥在出生後約 30 日齡就會開始練習鳴唱。60 日齡左右的幼雛會逐漸換羽為成鳥，若此時仍未出現練習鳴唱的行為，則為雌鳥的可能性極高。注意只有在性成熟後才能依據身體的形狀或特定部位的顏色來分辨文鳥的性別。

鳥籠實習

　　若幼雛已能在沐浴後自行將身體弄乾，則讓牠在鳥籠中度過夜晚也沒關係。

　　若幼雛「還不會洗澡」或者「不會將身體弄乾，只會呆呆站著」，則夜間應將其放回育雛室內休憩。

幼雛保溫燈的使用方法

　　當幼雛開始在棲木上生活，便會離鋪設於鳥籠底部的加熱器太遠，而無法得到充足的溫暖。此時應改用裝設於鳥籠上的保溫燈。

　　為方便鳥兒自行調節溫度，在「冷時靠近、熱時迴避」，鳥籠未被覆蓋的狀態下，可持續開啟保溫燈。保溫燈所需瓦數取決於室溫，一般 20w ～ 40w 最為適當。

　　若夜間同時開著保溫燈又將鳥籠以布匹覆蓋，則有過熱的風險。可將保溫燈後面的布簾打開，或者安裝恆溫器使籠內溫度維持在 25°C 以策安全。

讓鳥兒盡情體驗

　　46～60 日齡是培養鳥兒生活習慣的好時機。應固定更換籠內食物與飲水，定時出籠放風以及入睡休憩……固定文鳥每日的作息 有助於降低文鳥的壓力，使鳥兒擁有更加穩定的性格。別讓鳥兒因人類無理的要求感到困擾，一起探索彼此都能舒適過活的節奏吧。

　　此外，這也是文鳥特別熱愛新事物的時期。若要說有什麼不可錯過的體驗，絕對是使用外出籠出門散步呢！

　　鳥兒成年後，在外出籠內感到恐慌或者暴衝都是常見的反應。因應未來可能會需要將鳥兒帶往動物醫院或者寵物旅館，在幼雛的警戒心尚未萌芽前，不妨利用這個時期讓牠習慣外出籠。

出生後61 ～ 100日齡的照護

換羽期的溫度管理

　　幼雛開始換羽後，大約需要耗時兩個月才能長出成羽。愈來愈熟稔鳥類動作的同時，也因換羽而變得相當不耐寒，因此請特別留心溫度管理。

　　即使是在清晨等較為寒冷的時間點，也應確保溫度不會降到25℃以下。除了羽毛外，幼雛的生殖器官亦在體內發育當中，若持續處在低溫狀態，則將使新陳代謝功能惡化，而無法順利成長。

別讓文鳥感到害怕

　　這是幼雛開始變得神經質以及認識各種危險事物的時期。若此時試圖強迫鳥兒或使其感到害怕，則鳥兒可能會將飼主認定為一種危險的存在。

　　即使被鳥兒奮力地咬了一口或逃開，也請不要對牠大聲斥責或追趕，以免單方面破壞了迄今辛苦建立起的信任關係。

來教文鳥唱首歌吧！

　　雄鳥在出生一個月左右後便會開始努力地練習鳴唱。飼主若在此時期用口哨模仿夜鶯的叫聲，部分文鳥便會起而效之。也有一些文鳥會將飼主常用來呼喚自己的名字編入歌曲當中。

　　文鳥的鳴唱是用來求偶的工具，本來就沒有固定的歌曲或旋律，而是採用本身酷愛的音調或片段組合成一首單曲。

　　文鳥也可能會模仿飼主常聽的各種音樂類型，無論是古典、搖滾或者遊戲配樂。自然界中的文鳥多半會模仿雄性親鳥的叫聲，而人為飼養的環境之下，飼主所撥放的音樂或許就扮演著類似的角色。

　　可以嘗試在此時期讓雄鳥聆聽希望牠吟唱的曲調。就像教導虎皮鸚鵡說話一樣，每天讓鳥兒聆聽重複的歌曲，成功率也會上升。

　　文鳥的鳴唱作曲大約會在一歲左右完成。讓我們一起期待牠們所帶來的美妙樂章吧。

恆溫及保溼

「想到哺育幼雛，你的腦中會浮現什麼樣的畫面呢？」聽到這個問題時，許多人大概都會回答「嘴巴張得大大的小鳥討著飯吃的模樣」。這樣的畫面的確很可愛，但比起進食，飼養幼雛的環節當中最重要的其實是「營造幼雛可以安心入睡的環境」。

人工給予幼雛食物的動作稱為「人工餵食」。然而再怎麼樣擅長餵食的飼主，只要遇到因低溫而體力衰退的幼雛，還是會一個頭兩個大，煩憂不已。

體力衰弱的幼雛即便哭求餵食，也可能因為沒有力氣而無法張口吃下已經送到嘴邊的食物。羽毛尚未長齊的幼雛，亦可能因溼度過低，水分自體內蒸發造成脫水，甚至導致死亡。

因此，請務必謹記在心，備齊溫度計與溼度計，嚴格控管幼雛所生活的「育雛室」以及「餵食空間」的溫度與溼度。

理想溫度與溼度

幼雛日齡	溫度	溼度
出生後15～22日齡 （至羽毛大致長齊前）	約30°C	70%～
出生後23～30日齡 （至會飛前）	約28°C	60%～
出生後31～45日齡	約25°C	60%～
出生後46～60日齡	約25°C	50%～

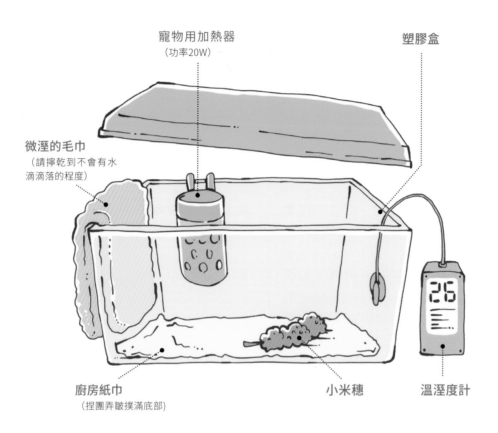

寵物用加熱器
（功率20W）

塑膠盒

微溼的毛巾
（請擰乾到不會有水
滴滴落的程度）

26

廚房紙巾
（捏團弄皺撲滿底部）

小米穗

溫溼度計

〈各式各樣的育雛室〉

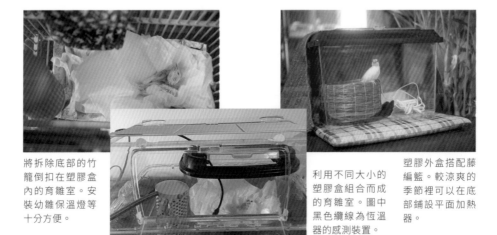

將拆除底部的竹
籠倒扣在塑膠盒
內的育雛室。安
裝幼雛保溫燈等
十分方便。

利用不同大小的
塑膠盒組合而成
的育雛室。圖中
黑色纜線為恆溫
器的感測裝置。

塑膠外盒搭配藤
編籃。較涼爽的
季節裡可以在底
部鋪設平面加熱
器。

幼雛的飲食

人工餵食的準備

文鳥幼雛大約在出生後 30～45 天即可獨立進食。在此之前，必須以人工的方式代替親鳥餵食幼雛。人工餵食幼雛對新手飼主來說會有一些困難，因此請在飼養前仔細詢問寵物店工作人員或親友餵食的方法。

準備材料

- 餵食器
- 蛋黃粟
- 粉狀食物
- 攪拌容器
- 熱水
- 鈣質來源
- 綠色蔬菜
- 衛生紙
- 毛巾

-------------- 冬天 --------------

隔水加熱的碗、加熱器等。

飼料準備方法（一隻的分量）

1 將滿滿一茶匙（約5克）的蛋黃粟放入容器中並倒入熱水。

2 用餵食器或其它工具攪拌均勻，將浮起的殘渣連同熱水一起倒掉。

3 注入約蛋黃粟兩倍高度的熱水。

4 稍微冷卻後，加入綠色蔬菜與鈣粉。

5 冷卻至40℃左右後，再加入2克粉狀食物，充分攪拌後即完成。

人工餵食方法

1 在大腿上鋪上毛巾，將育雛室內的幼雛連同鋪設於底部的廚房紙巾一起取出，並放置於腿上（請參考本書第38頁插圖）。

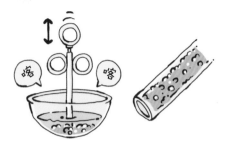

2 在容器內反覆上下按壓餵食器，取滴管容量約1/3的飼料（也要適度吸取水分）。

3 將餵食器拿到幼雛上方吸引其注意，讓幼雛的嘴巴、食道與嗉囊呈一直線。

4 當幼雛將餵食器整個放入口中時，即可緩慢地開始推送飼料。重複上述動作五次左右至完成餵食。

粉狀食物的使用時機

　　請遵循各別商品包裝上的建議用量與用法。

　　粉狀食物的營養價值雖高，但餵食文鳥只能使用餵食器而非湯匙，故須加水稀釋。若水分過多則可能造成營養量不足，使幼雛容易感到飢餓。

　　若蛋黃粟的餵食時間為間隔每兩小時一次，則粉狀食品的餵食時間為其一半，即每一小時須餵食一次。

粉狀食物（左）與蛋黃粟

人工餵食的注意事項

防止幼雛摔落

　　為使仍無法飛行的幼雛能在餵食時保持安心鎮定，可在大腿放上一塊鬆軟的毛巾，再將連同幼雛一同取出的廚房紙巾或衛生紙放在上面。盡可能地暖和餵食空間，使該處與育雛室的環境相仿以穩定幼雛。接下來最重要的就是防止幼雛在餵食時跌落。

　　離巢前的幼雛在感到害怕時會下意識地「後退」。自然界中的幼雛會在鳥巢入口等待親鳥，當遇到恐懼的事物時，便會後退到鳥巢深處以躲避危險。幼雛在餵食的過程中也有可能會突然心生害怕而產生後退的舉動。因此請使用浴巾防護，避免幼雛自膝上摔落。

　　初次嘗試餵食、尚無法預測幼雛行動的飼主，若能善用浴巾進行防護，相信餵食也能更加順利。

「食滯」是什麼意思？

　　一部分的文鳥食道特化為被稱作「嗉囊」的器官，而進入嗉囊的食物若經過一定時間卻不往下消化則稱之為「食滯」狀態。主要原因為水分不足。

　　若飼料中的水分比例過低，飼料會在嗉囊中凝固。此外，有時即便食物足夠溼潤，但卻因環境溼度過低，導致文鳥的皮膚與嗉囊乾澀，使其無法發揮正常作用而產生食滯的現象。

　　嗉囊通常較細薄、呈淡粉色且散發光澤；乾燥的嗉囊則會變成白色，並產生相當明顯的皺紋。當食物進入乾澀皺縮的嗉囊當中，就能以肉眼觀察到蛋黃粟清晰的輪廓。

人工餵食的正確姿勢

　　為防止幼雛在餵食過程中摔落或失溫，請在大腿放上鬆軟的浴巾，再將幼雛與廚房紙巾一同放置在浴巾上。

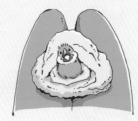

第二章

成鳥的照護

看著文鳥愉悅地鳴唱、沐浴、梳理羽毛的姿態，心情好似跟
著雀躍了起來。想與鳥兒健康地相守終身，就必須好好地照
顧牠們。接下來讓我們一起來認識文鳥的習性與正確的照顧
方法吧。

文鳥的一天

每天規律的生活將使文鳥生理安定，自然就會活潑有精神。

日出 ～ 上午8點

在文鳥的故鄉印尼，日出之時會有許多大型鳥類開始活動。天光依然微暗的清晨對於文鳥來說，是更容易被敵人攻擊的危險時段。因此野生文鳥會等到日出後約一個小時，周遭都已完全變明亮時才會開始移動。

人工飼養時，請於早上8點左右將鳥籠的遮光布取下，讓文鳥能夠沐浴在晨曦當中。藉此使體內荷爾蒙保持平衡，維持良好健康狀態。

吃完飼主為牠更換的飼料及飲水後，文鳥便會開始認真地梳理羽毛。也可在此時餵食一些綠色蔬菜。

上午10點起 ～

隨著太陽高掛，水溫也變得暖和後，文鳥們會使用放在籠子裡的澡盆進行沐浴。

若飼主希望文鳥在特定時間洗澡，可以於此時才拿出準備好的澡盆。只要每天養成習慣，文鳥就會在固定的時間等待澡盆出現。

下午1點起 ～

這是一天中最熱的時段，野生文鳥會避開陽光，在樹蔭下安靜地度過。即使在人工飼養的環境下，也常看到在此時打起盹來的鳥兒，這並不代表身體微恙，無須擔憂。

下午4點起 ～

當夜幕即將降臨，文鳥便會再次活躍起來。牠們會在就寢前稍微填飽肚子或多洗個幾次澡。

晚間7點起 ～

這是自然界中文鳥的就寢時間。飼主不在家的話，文鳥會獨自在昏暗的房間內休憩；但當飼主回到家中時，便會興奮地騷動著想要從籠子出去。

有時也會配合飼主的吃飯時間，在鳥籠裡大啖飼料。

晚間9點起 ～

雖然有點晚了，但也該讓鳥兒就寢了。請為鳥籠蓋上布簾以防止屋內光線進入，讓文鳥得以安眠。

若飼主以為「有睡午覺應該沒關係」，而讓文鳥熬夜，甚至在深夜吵醒文鳥，則可能引發肝臟腫大或脂肪肝等情形，進而減少壽命。特別是在身體疲憊或投藥時期，請務必讓鳥兒好好休息。

文鳥的一年

四季當中，夏天是文鳥最為活躍的季節。那麼文鳥們到底是如何度過一年四季的時光呢？

春季 ～換羽期～

春天是換羽的季節。自二月到六月，約耗時一個月左右的時間，具體取決於環境以及個體差異。愈年輕的個體，愈能一次大量脫羽並快速長出新羽毛；新陳代謝較差的老鳥則需花費較長的時間，緩慢地更替新舊羽毛。

照理來說成鳥換羽時，會換掉全身的羽毛，但有時也可能會留下一些舊羽。

換羽期的文鳥可能會有倦怠、嗜睡或者易怒等情形；鳥寶閃避飼主觸摸或者停止上手也時有所聞。

鳥兒大多在換羽期結束後便會恢復正常，穩定下來。當然也有一

出生三個月後完成換羽的櫻文鳥

一歲的櫻文鳥完成第二次換羽

些在換羽期完全沒有出現異樣或變化的成熟文鳥。

初次換羽的幼雛或許還會殘有幼年時期的棕色飛羽等，但再次換羽後便會是普通的成羽了。

夏季 ～普通活動期～

　　日本的夏天是鳥體最穩定的季節。30°C 左右的溫度使新陳代謝狀況良好，眼圈與鳥喙的紅色也變得更加鮮明，漂亮極了。

　　此外文鳥的沐浴次數亦會增加，並盡力梳理羽毛。鳥兒蓬鬆的羽毛會猶如陶器般反射光線，讓牠們看起來一派英姿瀟灑。

秋季 ～繁殖期～

　　九月開始，當溫度下降且日照縮短，文鳥們便會進入「繁殖季節」。發情與否端看個體狀況，半數人工飼養的文鳥幾乎都不會發情一如往常地度過秋季。

　　文鳥發情時會變得易怒，甚至威嚇或啃咬平時友好的飼主。即使是成對的文鳥，也可能會做出追趕對方等暴力行為。因僅有一方發情，彼此無法配合導致爭吵的事件也不乏其例。

冬季 ～繁殖期～

　　冬天將延續秋天開始的繁殖期。即便是未發情的文鳥也可能出現繁殖行為，例如潛伏在布料、窗簾以及家具的縫隙間，或者收集廢紙與繩索等。

　　寵物店也會在此時販售秋季繁衍、冬季出生的鳥寶寶們。

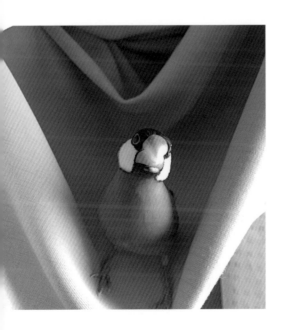

鳥籠的挑選與陳設

請挑選有深度的籠子

人們常會因為文鳥體型小而覺得不需要太大的籠子，但實際上布置完鳥兒的生活用品後，便會顯得過於狹窄。為使文鳥能夠放鬆梳理羽毛以及在棲木上平穩移動，就需要適當尺寸的鳥籠。

籠子裡的文鳥會在棲木間跳躍。一個鳥籠裡至少需要上下兩根棲木，因此若鳥籠深度不夠，則棲木間的距離會過窄，移動路線也會變得十分陡峭。

此外，若棲木與牆壁間的距離過短，文鳥的翅膀與尾羽也會被鐵絲網卡住，使梳理羽毛變得更加困難。籠體深度若能達到 40 公分以上，應能避免上述問題發生。

至於鳥籠的擺放位置，請儘量選在無人活動的地方。會有人時常進出的出入口將使鳥兒情緒焦躁，不是一個很好的選項。

安安～
安全！

鳥籠陳設範本

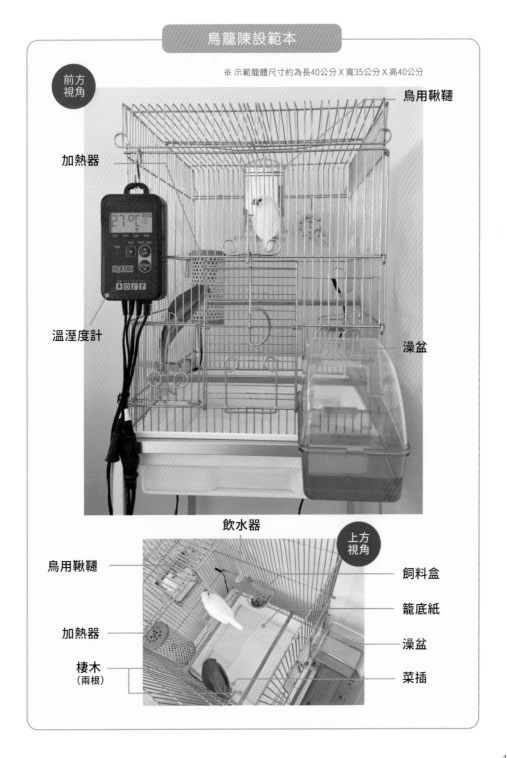

※ 示範籠體尺寸約為長40公分 X 寬35公分 X 高40公分

前方視角

鳥用鞦韆

加熱器

溫溼度計

澡盆

飲水器

上方視角

鳥用鞦韆

加熱器

棲木（兩根）

飼料盒

籠底紙

澡盆

菜插

必備的飼育用品

必備用品清單

接下來要介紹的是飼養文鳥時應準備齊全的用品。飼養初期得花費成本較高，但一想到飼養計畫動輒長達十年以上，這些用品的確有購買的必要之處。

有些人可能會打算待日後有需求時再準備某些用品，但許多成鳥對於陌生物品會產生恐懼，而不願使用。因此，請在把文鳥帶回家前就先將一切張羅好，讓文鳥可以正確認識這些「日常生活中常見的安全物品」吧。

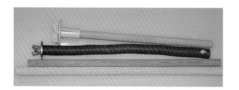

水碗

鳥籠附加的水碗多置於出入口附近，這也是文鳥觀察飼主時經常會停留的位置，因此水碗裡頭很容易掉入糞便或產生髒汙。建議將水碗移到其它地方以免夜長夢多。選用可固定在鳥籠縫隙之間的水碗即可自由地安裝在各個位置。長時間出門在外時也可加裝一個以上的水碗。

食盆

可直接使用鳥籠附帶的食盆，若因鳥籠陳設所需，選用了其它食盆，請挑選文鳥無法用嘴喙輕易拔除或翻倒的設計。

棲木

直徑1.2公分為適當的棲木尺寸。筆直的棲木也可以，但直徑有粗細變化的天然棲木更能刺激文鳥的足部與身體，也更易抓攀。欲購買天然棲木請洽詢注重鳥類安全的可靠商家。

澡盆

能固定在水碗閘門的澡盆設計頗為便利。安裝零件的尺寸會因製造廠商而異，請在購買前謹慎確認尺寸，並與商家確認澡盆大小是否適合安裝於鳥籠入口。

鳥用盪鞦韆（吊環）

對於文鳥來說，鳥用盪鞦韆也是棲木的一種。安裝時一般會將鞦韆放在鳥籠最上方的位置，使其成為最高點的棲木，通常也會變成鳥兒十分喜愛的地方。鳥兒們會玩弄鞦韆上的鈴鐺、晃動鞦韆或者反覆上上下下自得其樂。

菜插

蔬菜量少時也能維持穩固的設計為佳。請挑選不會卡住鳥喙的菜插以避免意外發生。

加熱器

幼雛、老鳥、衰弱或生病與冬天時期的鳥兒皆需要加熱器。

體重計

可精準至0.1公克為單位的廚房電子秤極為方便。不只是幼雛，為了貫徹成鳥的健康管理，不妨每日為鳥寶量測體重。

溫溼度計

若無從得知環境的溫度與溼度，就無法使文鳥健康茁壯，尤其幼雛階段更是如此。

文鳥的飼料

文鳥的日常飲食

文鳥的主食為混合種子或飼料。製造與販售混合種子的商家眾多，配方多不勝數，因此請務必挑選值得信賴的商家。文鳥可食用的鳥飼料有各種不同選項，然而這些飼料並非專為文鳥量身訂做，而是雀科（如珍珠鳥或金絲雀）共用。

購買混合種子或鳥飼料時，請務必確認有效日期。

◆混合種子

主要以四種穀物：稗、小米（粟）、黍以及金絲雀種子為主的混合商品。稗為日本特有穀物，國外的混合種子商品中通常會以尼日種子取代稗。

未開封狀態下通常可保存半年左右，但若包裝內原本就帶有溼氣，則開封時可能會聞到霉味，此時應將其直接丟棄。

混合種子還分「帶皮」與「去皮」兩種類型。許多穀物最營養的部分都在穀皮附近，因此帶皮種子的營養價值相對更高。

◆鳥飼料

以不必額外攝取綠色蔬菜或維生素為目的調配而成的鳥飼料，實際上卻多半未能達到綜合營養的標準。也有口碑良好的海外廠商，但因進口至日本的產品數量有限，飼主們的選擇更為稀少。

　雖然日本市場對於鳥飼料興趣缺缺，但對於老鳥與病鳥來說，比起混合種子，鳥飼料更容易被消化吸收。因此在鳥兒開始獨立進食後，不妨找機會讓鳥兒習慣鳥飼料，以防範未然。

◆無鹽小魚乾

　無鹽小魚乾是最易取得的動物蛋白質，同時也深受文鳥喜愛。

　即使在加工過程中以純水煮沸，魚體本身的鹽分仍會殘留。因此選擇商品時，請根據包裝上所標示的鈉濃度來做比較。400 毫克的鈉含量約等同於 1 公克的食鹽。餵食前請剝除較易殘留雜質的魚頭與內臟部分。

◆牡蠣粉

　被廣泛用作小型鳥類的鈣質來源，主成分為研磨牡蠣殼。文鳥必須食用比一般商品更為細緻的牡蠣殼粉末。即便如此，仍可能發生文鳥消化吸收困難，或食用過量導致體內鈣質堆積，損害健康或造成肝功能異常的狀況。

　市面上亦可找到其它擁有相似作用的營養商品。

◆營養補充品

● 綜合維生素

　與飲用水混合使用的粉末型營養品。建議可以讓食用混合種子的文鳥每天攝取。

● 成骨營養劑

　主成分為鈣質與維生素 D3，不溶於水，須撒在種子或飼料上食用。比牡蠣粉更為方便好用。

◆綠色蔬菜

　　文鳥的副食品。目的在使文鳥心情愉悅。小松菜、青江菜、豆苗、切成薄片的胡蘿蔔與玉米等都是文鳥最愛的蔬菜。

　　須特別注意農藥殘留的問題。請確實清洗菜葉。農藥將對文鳥造成實質性傷害。最好的方法是使用自家栽種的蔬菜。綠色蔬菜可與優質的營養補充品合併使用，每週給食兩次左右。

◆水果

　　每週可給食一次橘子、蘋果、西瓜、葡萄、草莓等水果。

文鳥不能吃的食物

· 室內觀賞植物、市售觀賞花卉、歐芹等＝本身無毒，但可能殘留農藥或蠟質。

· 明日葉、落葵（又名胭脂菜）、黃麻（又名埃及帝王菜）、秋葵等＝帶有粘性，可能引發食滯。

· 未成熟的蔬果、種子、酪梨、蜂斗菜（又名冬花）、巧克力、可可、咖啡、酒精等＝有毒。

籠子是
文鳥的「聖域」

　　曾有未養過鳥類的人問我：「小鳥被關在籠子裡不是很可憐嗎？」

　　「原來沒有養過鳥類的人是如此看待我們的呀？看來我還得更努力讓他們了解才是。」當時的我心裡如此想著。

　　有養過鳥的朋友或許就能了解，實際上並非如此。在放風時間結束後，回到籠內抖抖尾巴，整理著亂羽的文鳥看起來其實是一副「終於回到家裡，可以好好放鬆」的感覺。對於文鳥來說，鳥籠並不是囚禁他們的地方，而是如家園般極為重要的「聖域」。

　　文鳥在飼主更換食物或飲水時雖不會攻擊他的雙手，但非例行性的作業或侵入多半仍會使文鳥感到驚慌。

　　雖然有點令人難過，但即便是身為飼主的我們，仍然沒有辦法和文鳥一起進入牠們重要的「聖域」。請用心讓鳥兒能夠自在地度過獨處的時光吧。

文鳥的衛生管理

鳥籠的清潔工作

文鳥體型嬌小，但沐浴時會豪爽地濺起水花，用餐時也會奔放地弄得到處狼藉。才短短一天鳥籠裡裡外外就需要除舊布新了。

放置鳥籠不管三天左右就會散發糞便的氣味，因此請務必每天更換鋪底紙。為了符合鳥籠的尺寸，最常被使用的就是可折疊的報紙或者薄型看護墊。看護墊若被嘴喙咬破，可能會發生鳥兒誤食填充物的狀況，因此請立即丟棄並換上新的。

鳥籠、棲木以及食盆等用品應每週清潔一次。糞便等髒汙可用熱水去除，若欲使用其它清潔產品，可選擇嬰兒奶瓶專用清潔劑，就會比較安心。

棲木會被文鳥當作毛巾用來擦拭臉部與鳥喙，故應常保清潔。

鳥籠的安裝高度

鳥籠應放置於距離地面一公尺以上的層架。除了因為地面多有灰塵與細菌飛舞外，文鳥在高處時也比較會有安全感。

擦擦
擦擦
擦擦

column4

文鳥沐浴時的
注意事項

　　文鳥會自行透過沐浴以及梳理羽毛來保持身體清潔，飼主無須像對待寵物狗一般，在浴室幫牠搓澡或用吹風機將牠吹乾，可說是十分方便省事。

　　通常可直接使用鳥籠隨附的澡盆，若選擇讓鳥兒在籠外沐浴，則可以使用乾淨無危險性的容器。只不過許多文鳥會認澡盆，對於幼雛時期未曾出現過的容器，已成為成鳥的個體常會心生恐懼而不敢使用。

　　基本上沐浴時的水溫必須低於室溫。若飼主心生「文鳥看起來好像很冷」的想法而使用溫水，則將造成文鳥羽毛表面防水的油脂（由鳥類的尾脂腺分泌）流失，使熱水滲透到底層肌膚。此時得花費更長時間曬乾羽毛，鳥兒也可能因此受寒而身體抱恙。

　　不少人可能在網路上看過飼主手捧鳥兒在水龍頭下方淋浴的影片。鳥本身看起來好像也不亦樂乎，但比起讓鳥兒自行沐浴，這種方式會讓水分更容易滲透到皮膚底層。最後，為了讓文鳥得以在沐浴後立即乾爽身體，請注意環境溫度。

要確實弄乾哦！

引頸期待的放風時間

出籠的暗號

文鳥一天當中最期待的活動當屬「放風時間」。

在屋內放風前,可以將手伸到站在棲木上的文鳥胸前,等待牠上手後再將其托出籠外。試著讓鳥兒記住放風的暗號與流程,如此一來就能避免鳥兒莽撞出籠。此外,這

也是讓文鳥喜歡上飼主小手的聰明策略喔。

〈放風前的確認事項〉

Point 1

房門與窗戶是否緊閉?

紗窗易破,窗格之間也易產生縫隙,所以切勿因為過度自信而大意。此外鳥兒被房門或拉門夾傷的意外也層出不窮。

Point 2

屋內是否散落未收納的毛衣或毛巾?

毛線與毛巾布的材質很容易勾到嘴喙,使鳥兒陷入被懸吊或纏住的危險。

Point 3

桌上或地上是否有
沒收拾乾淨的食物殘渣？
若不慎讓鳥兒誤食，恐將養成鳥兒拾荒的壞習慣。

Point 4

電暖爐或電扇
是否放置於安全的地方？
請擺放在鳥兒無法觸及的位置。

Point 5

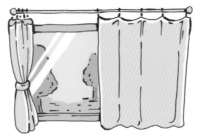

鏡面與玻璃窗
是否已用窗簾或布蓋住？
避免鳥兒認為可飛越而直接撞上。

Point 6

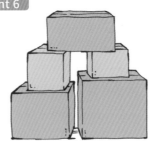

屋內是否有
堆積數層的紙箱或家具？
若鳥兒不慎掉到縫隙間將無法自行逃脫。

Point 7

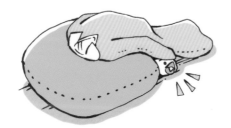

地上或床上是否有
隨意擺放的衣物或靠枕？
文鳥特別喜歡鑽潛，因此為避免不小心踩到或
坐到潛伏在衣物、靠枕下方的鳥兒，請於放風
前將雜物妥善收好。

潛藏在室內的危險

不得不謹慎的 「中毒」危機

　　文鳥出現無預兆猝死或者因不明原因逐漸衰弱等狀況，都是飼主難以察覺的「中毒」現象。

　　若出現痙攣或呼吸困難，通常是無計可施的急性中毒；慢性中毒的症狀則包含肝功能異常、羽毛扭曲以及鳥喙、鳥爪變形等。

　　肝臟修復有時得耗時一兩年以上，且須長期投藥治療。

◆界面活性劑

　　廁所清潔劑、洗衣精、化妝品、洗髮精等物品多含界面活性劑的成分。誤食將導致文鳥喉嚨與消化器官黏膜受損，造成莫大傷害。微量攝取也有可能引起肝功能異常。

　　請注意切勿以塗抹護手霜或保養品的雙手接觸文鳥。若非得使用，還請選擇不含界面活性劑的產品。

◆鐵氟龍(PTFE)

　　鐵氟龍有防止沾粘的特性，多被運用於防止平底鍋、烤箱、烤盤、熨斗等產品表面燒焦。200°C 以上的高溫將使鐵氟龍開始劣化，300°C 左右則會產生「聚四氯乙烯」的有毒氣體。若發生上述情形，不只人類本身會受到危害，同一空間內的文鳥通常會立即死亡。使用含鐵氟龍的廚具時請謹記「控制在正常溫度範圍內」、「勿空燒」、「使用中及使用後皆須持續通風換氣」。

　　當文鳥在屋內時，最好能避免使用。平常也應將廚房與文鳥所在的空間作區隔，使用鐵氟龍產品時應考量危險性，為文鳥做好防護。

◆鉛

零件、玩具、紅酒的瓶蓋包裝、電路板等物均含有鉛。孩童的誤食意外及因攝入含鉛彈肉品而中毒死亡的猛禽或猛獸事件層出不窮。

文鳥不會因喜好而攝取含鉛物品，但請明白就算是僅含微量鉛元素的玩具碎片等，都有使文鳥喪命的風險。

◆有機溶劑

稀釋液、顏料、接著劑、指甲油等皆是味道刺鼻且揮發性極強的液體。若長時間暴露於這些液體所在的空間當中，即便是微量也可能引發文鳥中毒。過去曾有住家外牆粉刷導致文鳥死亡的案例。

若家中準備整修，請至少在施工期間加完工後一週以上，將文鳥暫時託給值得信賴的親友照顧。

◆香菸、酒精

別讓鳥兒吸入二手菸或飲酒。

◆殺蟲劑

雖然有標榜「對寵物與嬰兒無害」等低刺激性的防蚊商品，但使用過後對體積甚小的文鳥是否真的不會產生任何影響，目前尚未有確切答案。

◆有毒植栽

黃金葛等天南星科植物、牽牛花、繡球花、水仙花等有毒植物，若遭文鳥誤食都將對其造成危險。考量到農藥殘留的問題，請將觀賞植物與花卉全都列入黑名單。

季節管理

春季照護

與凌冬相比，春季氣溫雖逐漸回暖，但對於文鳥而言仍稍嫌寒冷。若日出時分環境溫度會下降到 20°C 以下，請為鳥兒開啟加熱器。

換羽開始後，鳥籠周圍會有許多掉落的羽毛飛舞。羽鞘所產生的粉塵也令人心煩。此時為維護環境清潔，請增加打掃頻率。

夏季照護

日本的夏天是最令文鳥感到舒適的季節。若於白天較熱的時段使用冷氣機，請根據屋內設置的溫度計（而非冷氣機設定的溫度），將溫度保持在 28°C 以上。文鳥專用的房間最好能維持在 30°C。若屋內一天當中最高溫不超過 33°C、最低溫不低於 25°C，則不開冷氣也沒有什麼關係。

此外，請勿將鳥籠突然從有冷氣的地方移動到沒有冷氣的地方。各地的溫度變化雖不一致，但若準備讓文鳥在沒有冷氣的環境中度過夏天，則應該於五月中旬左右，就得開始漸漸讓文鳥適應日漸上升的氣溫。

老鳥或生病中的個體對冷暖變化的適應力較弱，夏季時也應視情況使用冷氣機為鳥寶打造溫度適宜的環境以求安養。

秋季照護

繁殖季節的文鳥無論雄雌都會在放風時段開始鑽到各個地方,這也是繁殖相關的舉動之一。偶爾也會發生呼喚鳥兒也不回應,導致大家以為鳥兒失蹤而開始大張旗鼓、四處搜索的事件。因此放風時段應以眼不離鳥為基本原則。

雌鳥發情後體內會開始產卵。同時伴隨「卵阻塞」(請參照本書第91頁)或「輸卵管脫垂」(請參照本書第97頁)等可能危害健康的疾病風險,因此若無繁殖需求,請儘量避免讓文鳥發情。

特別是獨養的手養雌鳥,有時會因為愛上飼主而不斷產卵。雌鳥若將身體壓低,小幅度地震動尾羽,即是「可交配」的表徵。若觀察到雌鳥呈現這樣的姿勢,切勿再做出用手將鳥兒捧起、撫摸背部、以臉部摩擦鳥兒等鼓勵發情的行為。

冬季照護

日本低溫低溼的冬天對文鳥來說是嚴峻的季節。尤其是黎明時分的低溫易使鳥兒喪命。若在室溫20°C上下時,鳥兒呈現羽毛蓬鬆的寒冷模樣,則表示身體狀況不佳;若將溫度提高至25°C以上,寒冷貌卻不見改善,則鳥兒的健康狀況應頗為衰弱,此時應趕緊在進一步惡化前至獸醫院就診。

日本的冬季空氣也較易乾燥,請記得為鳥兒將環境溼度維持在60%左右。

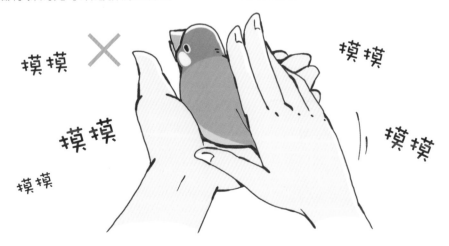

摸摸　✕　摸摸　摸摸　摸摸　摸摸

老鳥的生活與照護

文鳥的壽命有多長？

文鳥的存活壽命雖有個體差異，但一般而言都落在 7～8 歲左右。骨骼結實發育的較大個體與飼養方式得宜的文鳥，甚至可以活到 10 歲以上。筆者所知目前最長壽的文鳥為 19 歲。

長壽的秘訣除了合宜的環境與飲食生活外，無非就是「讓文鳥得以安心度過每一天」。「確信自己被最喜歡的飼主（伴侶）需要」、「在一起的時光總是幸福滿滿」、「日復一日的不變與安穩」等，若能達到上述幾點，相信文鳥自然長壽。

防寒策略

與人類相同，隨著年歲增長，文鳥身上的肌肉量也會減少，使得體溫維持更為不易。消化吸收的能力也日漸下降，即便與過去攝取相同分量的食物，真正得到的熱量與營養素也可能不足。

為避免勉強鳥兒進食的情況發生，首先必須做好控溫工作。若鳥兒開始蓬起羽毛（即表示寒冷），請將溫度升高，並將環境維持在溫度 30℃、溼度 60% 左右。

變更鳥籠陳設

· 請在鳥籠的底網鋪上寵物看護墊
· 盡可能將兩根棲木並排在低處
· 將水碗換成鳥兒不會跌進去的小尺寸
· 將食盆換成淺而寬的設計，並放入大量食物
· 嚴格監控環境的溫度與溼度

〈老化的徵兆〉

鳥喙變長、咬合不正

容易罹患白內障

羽毛的
彈性消失

腳爪扭曲

舉止變化

　　雖有個體差異，下列是文
鳥老化後常出現的舉止變化。

- 雙腳無力
- 無法跳躍
- 無法佇立於棲木上
- 無法飛行
- 開始會在夜間進食

- 容易下痢
- 體重下降
- 睡眠時間變長
- 警戒心變強
- 愈發依賴飼主

給老鳥寶的獎勵

　　筆者家中的文鳥約莫 10 歲時，必須增加剪指甲與確認健康狀態等照護的頻率。同時我也經常會思考「是否需要變更鳥籠的配置」，但最終得到的答案是「儘量維持現狀」或許才是最好的方法。

　　鳥寶開始不太能飛、睡眠的時間變長且時常發呆，反應也愈來愈遲緩；不過好惡分明這點倒是一點都沒變。去年過世的鳥寶，最後一個月幾乎都在睡覺，剩下的最後一星期卻又希望我把牠捧在手心裡。感到「危險！」的時候竟不是返回鳥籠而是外出籠，用罹患白內障、視線不佳的雙眼追著我跑，又或者靠在籠門上一臉「我想出去」地哭訴著。也因此那時我常一手握著牠，一手做家事。不只喜歡的心情變得更強烈，討厭的部分也是。當時為了維持環境溫度，讓鳥寶獨自睡在專用的房間裡，但牠卻好像因為覺得寂寞而不太開心。

　　長壽老鳥的生活環境可說是個體偏好的集大成者，擅自更動鳥寶喜愛的環境反倒有些抱歉。因此，就當作是給長壽鳥寶的獎勵，盡可能地讓牠繼續生活在喜歡的環境裡吧。

第三章

手養的魅力

和手養文鳥共同生活的飼主，感覺就像每天都與愛人共度美好時光。讓我們用感謝的心情來對待向我們敞開心胸的文鳥吧。鳥寶出乎意料的可靠模樣也是手養文鳥的魅力之一喲。

「手養文鳥」是什麼意思?

文鳥上手的理由

文鳥會認為人類的臉「與自己的臉相同」，因此即便飼主不會以嘴餵食，在使用滴管餵飯的時候，幼雛仍會自然地望向飼主的嘴部，而非滴管的方向。這或許是因為幼雛將飼主視為親鳥，全心信賴的緣故吧。

「上手」並不是一項寵物特技，而是因為鳥兒想要貼近飼主所產生的行為。站在肩膀上會看不清飼主的臉，站在膝蓋上又離得太遠，其實鳥兒真正想要的是貼著飼主的臉龐，無計可施之下找出的方法便是站在飼主的手上。

理論上文鳥的上手率為100%，但仍有失敗的案例，原因多在飼主本身。若飼主在文鳥可獨立進食後，便與牠保持距離，將會使文鳥變得獨立自主。

文鳥的學習期
（幼雛出生後30日齡～ 4月齡）

這是左右文鳥一生生活方式的重要時期。若希望文鳥能習慣上手，則務必在這段學習期間內與牠親密接觸。

文鳥會學習並內化各種經驗，鳥籠、進食、沐浴、盪鞦韆以及固定每日行程等，毫無遺漏地吸收生存所需的一切知識。

野生的文鳥也有相同的學習期。鳥兒終有離開親鳥獨自生活的一天，竭盡所能地學習以求活命也是理所當然的事。以人類來比喻的話，就像是把成年前的二十年濃縮為三個月。若有希望文鳥學習或熟悉的事物，請把握這段黃金學習期。

成為文鳥的伴侶

親鳥會藉由無視或逐出幼雛迫使幼雛自立。因此，若飼主在文鳥已無須他人餵食後便鬆懈下來，任由彼此日漸疏遠，則與促使文鳥自立的親鳥沒什麼兩樣。此外，文鳥本身也知曉離巢是必然，因此會果斷地放棄這段關係。當然自然界中也有無須親鳥催促便自行獨立的雛鳥案例。

為了不使幼雛開始遠離我們，飼主必須更努力地拉近彼此間的關係，並藉此讓文鳥對於飼主的認知，由親鳥轉變為伴侶。

簡單來說，必須為上手付出努力的並非文鳥，而是飼主。

建立信賴關係

從環境開始建立關係

自然界中的文鳥在離開親鳥後，會與年齡相仿的兄弟姊妹生活在一起，並在牠們之中尋找意氣相投的未來伴侶。

若此時飼主抱持著「反正家裡只有我一個人跟文鳥住在一起」的想法，那就大錯特錯了。即便是年齡相近的文鳥群中，配對成功率也低於50%。為了避免話不投機的文鳥打架，甚至不能將牠們置於同一個鳥籠中。

面對個性如此難搞的文鳥，該怎麼做才能成為牠的伴侶呢？

下來便會開始對各種事物充滿興趣、恣意玩耍。而文鳥的玩耍行為當中，絕大多數都與未來的繁殖行為產生連結。此時就是飼主們出場的大好時機了。

安心的生活

首先從最基礎的準備做起。先營造出會使文鳥想尋找伴侶的環境。方法非常簡單，那就是讓不安全感消失在文鳥的生活當中。

固定每日起床、吃飯、放風、就寢的時間，讓文鳥免於迷惘困惑。物質與心靈上都游刃有餘的文鳥接

成為有魅力的「異性」

在眾多文鳥當中，或許有不少文鳥都傾心於長久以來相伴左右的飼主。讓我們跳脫「親鳥」的角色，學習如何成為文鳥初次接觸的「異性」吧。

平等對待、不動怒、不大聲斥責、放風時寸步不離、時常溫柔耳語、親切隨和的應對……諸如此類的行為，都是提高文鳥心中信賴感的方法。

讓第二隻文鳥
上手的注意事項

　　縱使飼主想使鳥兒上手，但用盡一切辦法卻仍失敗的案例中，有許多都是「多鳥」家庭。

　　理論上只要不對文鳥做出讓牠厭惡的行為，上手的可能性都不低。然而，若同時飼養一隻以上，文鳥將飼主視為伴侶的難度便會急遽上升。飼主愈盡心盡力，文鳥們愈會全力配合。站在文鳥的角度，飼養的數目愈多，競爭伴侶地位的敵人也愈多。

　　尤其當飼主出門在外的時間一長，文鳥們便常會利用此時彼此配對成功，如此一來飼主就再無勝算了。假設互動的品質沒有特別差異，相處時間長的鳥兒自然比較有利。

　　為了不傷透自己的心，建議初次飼養文鳥的飼主可以先從單獨一隻開始養。當第一隻文鳥已將自己認定為伴侶後，再迎接其他新鳥。新舊鳥的鳥籠應放在互不可見的各別空間內，也請錯開牠們的放風時間。

文鳥的情感表達與溝通方式

叫了名字後會飛過來、起身離開的時候，會拼命地想要追過來……這些都是文鳥配對成功後會自動出現的可愛舉動。和文鳥在一起生活最快樂的原因之一就是牠們溝通的方式與人類頗有幾分相似。

「誘導」飼主的目的

當文鳥想要對飼主傳達某些想法時，會用「誘導」的方式來說出想說的話。例如想回籠子裡的時候，文鳥會飛到飼主的肩膀上，只要引起了飼主的注意，又會馬上朝鳥籠飛過去。又例如說想洗澡的時候，會在飼主的面前來回飛向鳥籠與平時沐浴的地方。

能夠巧妙地誘導飼主的文鳥，多半都擁有許多引導成功的經驗：一面看著飼主的反應，同時努力思索該如何傳達自己想法；然而成功的例子大概不多，「努力傳達訊息了，但飼主卻沒有察覺到」或許才是常態。可別錯過提升鳥寶信賴的好機會喲。

傾聽文鳥想說的話

只要文鳥發現飼主其實能夠理解自己想表達的意思，便會愈來愈有信心地嘗試傳達更多的訊息。相反地，若讓文鳥感覺到「飼主都聽不懂」的話，便會放棄溝通了。

因此，請仔細觀察家中的文鳥，當鳥兒出現異樣表現時，不妨試著想想：「牠是不是想告訴我些什麼呢？」

用叫聲表達不同情感

「嘰！」「嗶！」

這是文鳥平時的叫聲。有時牠們也會像自言自語般小聲地鳴囀。這類叫聲主要用來「呼喚」與「回應」。兩隻文鳥快速交談時的聲音聽起來會像是「啵嗶啵嗶啵嗶」。更大聲、更富有情感的持續鳴叫則是「鏘！鏘！」的聲音，此為雌鳥發情時的叫聲。

「啾～啾～
啵嗶啵嗶啵嗶……」

這是雄鳥約長達10秒的「鳴唱」。不同個體會有不同叫聲。主要用來求偶與悍衛地盤。

「嚇嚕嚕嚕嚕」

這是文鳥張開鳥喙，一邊左右擺動頭部、一邊發出的叫聲，主要用來威嚇敵人。單獨飼養、備受寵愛的文鳥因為沒有威嚇對象，有時可能會在鳥籠中做出威嚇鳥鞦韆的行為。

「唧～唧～」

這是文鳥躲起來時，用來呼喚心儀對象、告訴對方自己所在位置的叫聲。

文鳥討厭的事物

我不喜歡這樣

文鳥討厭的各種事物

- 眼前突然出現東西
- 被追趕
- 被握住
- 巨大的聲響或震動
- 窸窸窣窣的聲音
- 剪指甲
- 陌生的鳥用品
- 髒掉的飲用水

自然界中的文鳥屬於被掠食的弱者，遭受攻擊則有可能喪命，因此必須無時無刻提高警覺。即便是人工育養的文鳥仍會保有此習性。

文鳥最討厭的事情大概就是「被追著跑」了。除此之外，文鳥也不喜歡突然有東西出現在眼前，或者是塑膠袋窸窸窣窣的聲音。

文鳥也非常排斥「被握住」這種類似被捕獲的感覺。被認定的人類伴侶握在手心時，文鳥雖感到幸福不已，但大部分都會傾向激烈地抵抗。請明白即便是平時看起來大肚能容的文鳥，本質上還是充滿警戒心、易受驚擾的生物。

文鳥也厭惡「髒掉的水」。文鳥若飲用汙水，將使羽毛變得蓬鬆凌亂，甚至有些個體會忍耐，寧可脫水也不願意飲用骯髒的水源。

如何面對厭惡的事物

◆風吹草動

通常文鳥會透過腳步聲察覺到飼主即將進入房間，即便如此，仍有一些文鳥會因房門開關時的動作而感到緊張害怕。此時可以嘗試在開門前先出聲通知鳥兒。房間地板上也應避免堆放會不小心踢到而產生噪音的雜物。

白天最好拉起遮蔽透明窗的蕾絲窗簾等物,增加文鳥的安全感。

◆鳥用品

最佳的解決辦法是讓文鳥在學習期期間習慣各種用品。請將量體重定為每天的例行公事(為了使鳥兒習慣廚房電子秤),有時也可以讓鳥兒在外出籠中待一會兒,或者不時更換不同水盆等。

讓文鳥理解到「生活用品也是五花八門呢」,如此一來長大成鳥後也較能接受陌生的新用品。

剪指甲的方法

絕大多數的文鳥都不喜歡剪指甲。剪指甲的時候,文鳥常會從手中脫跳,逃跑後被追趕的經驗又會加深其恐懼的情緒與記憶。因此,首先應為彼此建立信賴關係,讓文鳥習慣被飼主握在手心中的感覺。

此外,即便文鳥在剪指甲的過程中逃脫,也請不要做出追趕的動作,避免文鳥感到害怕。一天剪一支指甲的方式較為輕鬆。

用食指與中指夾住文鳥的頭部,兩指背勾住文鳥的下巴,輕輕向上抬起。將頭部抬高讓文鳥的視覺產生死角,看不見也較不會感到害怕。

此時文鳥的腳爪被大拇指與無名指壓住,為方便操作,可使用另外一隻手將被壓住的腳爪換邊。由透視可見的血管向外約0.2公分處下刀。

文鳥的問題行為

文鳥是體重僅有 25 公克的小型鳥類。即便被文鳥用力一咬，一般也不太需要特別處理。然而，文鳥意義不明的行為卻又讓人擔心。下列將針對各項文鳥特殊的行為舉止進行說明。

CASE ❶

離巢前的幼雛在餵食過後明明嗉囊已經飽脹，卻仍悲鳴著想要更多

此一時期的幼雛原本應和親鳥與兄弟姊妹同住在巢穴中，因此當獨自被送回育雛室時，可能會感到不安。

可試著輕輕在幼雛身上蓋上一張面紙，讓文鳥的背部有被包覆的感覺，進而安心入睡。

CASE ❷

1.5月齡後仍會哀求餵食

文鳥到了一定日齡會乾脆地主動自己進食。若鳥兒仍會哀求飼主餵食，則代表尚有此生理需求。還不能自己吃完足量的飯、飼主餵食的量不足、生長遲緩，發育狀態仍停留在 1 月齡左右，都是常見的主要原因。此時請繼續餵食至鳥寶滿足。

CASE ③

拒絕回到鳥籠內

　　若能固定每天放風以及回籠的時間，每天時間一到，鳥兒心裡雖意猶未盡，但仍會乖乖地上手回到籠中。

　　然而，若飼主過於隨興任意變動放風時間，將使文鳥無法記憶規則。要把文鳥送回鳥籠前可以先說出「要回家囉」等暗號，接著再讓牠上手將其送回鳥籠。

CASE ④

食量較平常增加

　　主要原因是寒冷。文鳥為維持體溫可能會攝入平常兩倍以上的熱量。因寒冷而增加食量的文鳥也可能於夜間進食。若鳥兒一直不停地吃，為了減少鳥兒的內臟負擔，請使用加熱器等物品助其保溫。

　　寒冷因素外，繁殖期的文鳥也可能大量進食。

CASE ⑤

大量飲水

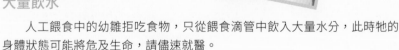

　　人工餵食中的幼雛拒吃食物，只從餵食滴管中飲入大量水分，此時牠的身體狀態可能將危及生命，請儘速就醫。

　　若個體為成鳥，則應考慮「是否不小心吃到鹽分過多的東西」，或者「攝入過量牡蠣粉」等疾病徵兆的可能性。

CASE 6

放風時排便次數多

文鳥每 30 分鐘約會排便一兩次。放風時為了減少體重、增加飛行效能，排便次數會較籠內時增加。

雖然偶爾也能看見經訓練學會控制排便的文鳥，但大致上不太可能，請趁早死心。若發現文鳥糞便，請務必以紙巾擦拭乾淨。

CASE 7

食用自己的糞便

礦物質不足可能導致文鳥的食糞行為。請增添營養補充品、青菜、牡蠣粉等，為鳥寶調整身體狀態。

CASE 8

食用人類手上的肉芽

這個舉動是為了尋求動物性蛋白質。然而，因拔起肉芽啃食的過程類似玩耍，因此即便日後動物性蛋白質充足，文鳥也可能覺得好玩而習慣這樣的行為。因此請避免讓文鳥有記住此一動作的機會。

CASE 9

不停咬東西

學習期的幼鳥會啃咬各種物品，藉此鍛鍊自己的鳥喙，也會基於相同原因大咬飼主一口。

成鳥若出現啃咬行為，多半是為了引起飼主關注或者表達不滿。此外，被討厭的人追趕時，文鳥也可能會邊威嚇邊啃咬對方。

CASE 10

將鋪設在鳥籠底部的紙材
誇張地拉扯、撕裂

這並不是鳥兒的狂躁行為，而是正常的築巢表現。若已經影響到食盆、棲木或阻礙到文鳥日常生活，則可考慮將鋪底紙移除。

CASE 11

一直泡在澡盆裡

許多文鳥都喜歡泡在懸掛於籠外的澡盆中。牠們多半是為了盡可能待在離飼主近一點的地方，或者是中意它如鳥巢般的幽閉空間感。沒有文鳥會泡到自己受風寒，但若放不下心，則可考慮移除澡盆。

一起出門去

讓文鳥習慣出門

被人類飼養的文鳥也會有需要出門的時候，例如到醫院就診、旅行、搬家等。即便鳥兒身體健康，也需要定期檢查，再加上無法預期的意外災害，切勿自認永遠沒有讓文鳥出門的必要。

或許有些人會擔心：「若文鳥從籠子裡逃脫該怎麼辦？」其實只要飼主別太過大意，細心一點出門並不難。

關鍵的學習期體驗

即便是一隻信任飼主的文鳥，在成年後也會自然對許多事物感到害怕。若文鳥缺乏使用外出籠的經驗，會更加深牠的恐懼感，單單身處其中也會使鳥兒緊張不安，外出籠移動時的晃動與傾斜對牠來說更是恐怖的經驗。

鳥兒在外出籠中暴動導致嘴喙受傷變白或流血的事件層出不窮。為防止這種情況發生，最好在學習期間讓文鳥體驗並習慣外出籠。

飼主本身也要適應的事情

對於飼主來說，帶著文鳥出門可能也是種初體驗。過程中可能會發生一些想像不到的插曲。若你還沒有帶文鳥出門的自信，可以先嘗試短距離的移動，或者請家人、朋友相伴出門。若練習時出現問題就要儘速返回家中。

選擇一個溫暖的好天氣出遊，讓文鳥獲得舒適的體驗，藉此讓牠愛上出門。若文鳥的學習期恰逢寒冬，可改為在家中訓練鳥兒習慣外出籠。

〈出門的必備物品〉

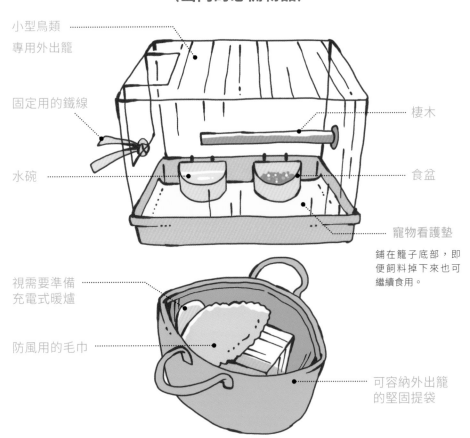

小型鳥類
專用外出籠

固定用的鐵線

水碗

棲木

食盆

寵物看護墊

鋪在籠子底部，即
便飼料掉下來也可
繼續食用。

視需要準備
充電式暖爐

防風用的毛巾

可容納外出籠
的堅固提袋

出門時的注意事項

· 移動時絕對不可將門打開（請
　用鐵線等物打結固定）
· 絕對不可離開視線
· 勿繞道遠行
· 勿在途中增加行程
· 拋棄式暖暖包會使氧氣濃度下
　降，使用時請粘貼在外側。

成鳥（野鳥、非手養鳥）的訓練方法

「野鳥」是什麼？

過去會將剛捕獲、尚未習慣人為飼育環境且照料不易的鳥兒稱為「野鳥」。現今市場主流是手養文鳥，因此市面上幾乎看不到野鳥了。目前野鳥一詞多泛指「由親鳥撫養、完全不熟悉人類」的鳥類。

若對培育幼雛沒有信心，但又想與文鳥一起生活，不妨可以選擇已經成熟的個體。

花時間耐心等待

將上述情況的文鳥接回家時，千萬不能有想「趕緊上手」的想法。陌生對象所散發出的強烈鬥志，只會讓文鳥感到更加恐懼。生活在一起大約三個月後，才算滿足初步的條件。

同時切勿強迫或訓練文鳥。文鳥是否願意相信你「想跟牠友好共處」的程度才是成功的關鍵。

牠們有辦法習慣人類嗎？

寵物店裡有時會將手養文鳥的幼雛養至成鳥販售。有些人會將這些鳥兒稱為「非手養鳥」。

隨著月齡增加，文鳥上手的可能性便會下降，感興趣的對象也會從人類轉移至其他文鳥。然而，接受過人類餵食的文鳥，即便對人類稍有不信任，也不至於像野鳥一樣充滿距離感。只要溫柔親切地與之接觸，文鳥也會慢慢地打開心房。

〈成鳥（非手養鳥）的訓練方法〉

第一階段

最高準則為避免驚嚇文鳥

· 暫時不進行放風
· 盡可能地守在鳥籠旁
· 在同一個房間內過夜
· 每天隔著鳥籠溫柔地呼喚鳥兒的名字讓牠產生記憶
· 進出文鳥所在的房間要先打招呼
· 文鳥發出叫聲的時候是大好機會！請看著文鳥的臉回應牠，進而讓文鳥相信「你是可以溝通的對象」
· 當臉靠近鳥籠時文鳥也沒表現害怕的樣子，且願意看著飼主的臉聽飼主說話時，才算完成此一階段。

第二階段

等待文鳥主動接觸

· 晚間可定時將籠門開啟 30 分鐘
· 即便文鳥因害怕而未出籠，30 分鐘一到立即關閉籠門
· 當知曉每天何時籠門會開啟、多久後會關閉，文鳥的警戒心便會逐漸下降
· 每天重複上述動作，直到文鳥願意自行出籠
· 文鳥出籠後，請靜靜守候觀察，別貿然做出任何行動。當文鳥因肚子餓返回籠中時，再關閉籠門。

完成上述兩階段前請每天重複相同任務。進行第二階段時，若能同時繼續第一階段的動作，更能提高鳥兒的信賴感。

文鳥出籠後若經過兩小時以上仍不回籠，可將屋內燈光熄滅，趁著變暗時悄悄地用雙手將文鳥捉住放回籠中。

飼主若能儘量安靜不動，放風中的文鳥便會自己靠近，並嘗試乘坐在飼主的頭上或肩上。此時請勿動手觸碰，耐心等待直到文鳥這樣的行為成為常態。

當文鳥的心門已經打開到這個程度時，接下來只要慢慢地將感情升溫就可以了。若文鳥看起來有些畏懼手心，不妨讓牠改站在手背上，邊觀察文鳥的態度邊進行肌膚接觸。

非手養文鳥要完全習慣人類最少需耗時一年以上，請放寬心、勿焦躁，一步一步與鳥兒建立起信賴關係吧。

愈老愈聰明？

4歲左右開始
展現的個體特質

　　1～2歲的文鳥多半給人活潑好動的印象，但4歲過後，文鳥的性情會逐漸穩定，也開始會明顯地展現出獨特的個體特質。

　　這是因為隨著年齡增長，文鳥的動作將變得更加徐緩，更方便飼主觀察，也更能做出明確的溝通。

與飼主間的溝通

　　鳥類的動態視覺敏感，只需要瞬間一瞥就能獲得大量訊息。

　　年紀輕的文鳥，即便是面對最喜歡的飼主，也不大會緊盯著看，畢竟牠們只需一眼就能心滿意足。然而年紀稍長的文鳥，卻會在飼主

盯著自己的時候，也有樣學樣地回看過去。這或許是因為文鳥將此理解為人類索求溝通的一種方法。

　　隨著共同度過的時光積累，文鳥也會記住飼主的動作與生活規律。配合各種情境採取行動的文鳥，看起來既聰慧又值得信賴呢！

指揮飼主？

　　生活井然有序的文鳥，會在就寢時分自動進入睡眠模式。

　　年紀輕的鳥或許還會跑來跑去；超過4歲的文鳥卻會在吃完飯、梳理完羽毛後，安靜地站在棲木上，等待飼主用布將鳥籠罩住。有些10歲左右的文鳥，甚至會對著飼主大嗓門地發出「嘖、嘖」的叫聲，彷彿像是在跟飼主喊話：「該讓我睡覺囉！」

不知從何時開始，
守護著飼主的是
已經變得比飼主還要更成熟穩重的文鳥

文鳥的「類癲癇」是什麼？

　　文鳥之中的某些個體會在受到驚嚇時，出現「類癲癇」的現象。此時文鳥會突然像閃到腰般動彈不得，呼吸變得急促，發出痛苦的叫聲並奮力拍打翅膀狂亂掙扎。

　　筆者與文鳥相處約莫五十年之久，在最初十年間從未見過類癲癇，第一次親眼目睹則是在自己成年之後。

　　關於類癲癇的原因，有些說法為「心臟異常」或「大腦異常」，但以文鳥來說，比起罹患上述特定疾病，更可能的原因或許是在成長過程當中未受到適當的刺激，導致文鳥對刺激源的反應機制發育不成熟。

　　以前一開始在家中飼養文鳥時，白天會將鳥籠掛在窗戶外，只有在夜間或寒冷時分才會拿進屋內。現在回想起來，這無疑是讓文鳥成為烏鴉與蛇類目標的危險舉動。然而相反地，此舉卻讓文鳥每天得以接收外界刺激，培養出了極強的抗壓性也說不定。

　　得到此一想法後，我們家便開始將「幼雛出門訓練」定為例行計畫。即便現階段筆者家中的文鳥未曾出現類癲癇的案例，但待鳥兒衰老後或許仍有誘發的可能性。也許年紀大的鳥寶也需要合理範圍內的刺激。

第四章

文鳥的健康管理

小小身體充滿大大元氣的文鳥，在鳥籠外一會兒衝來衝
去，一會兒縮成一團，總是不吝嗇向我們展現各種姿態。
神采奕奕的文鳥也會有生病的時候。讓我們仔細觀察，不
漏看各種疾病徵兆，一起來為文鳥的健康把關吧。

身體結構與各部位名稱

〈身體名稱〉

鳥喙

以種子為主食，故鳥喙寬而堅實。

鼻孔

位於鳥喙根部上方的小孔。文鳥的嗅覺並不發達。

眼睛

視野寬闊、色彩感覺豐富且動態視覺極強。

眼圈

位於眼瞼周圍、呈紅色的輪狀。

外耳孔

文鳥的耳窩。平時因為被羽毛覆蓋所以看不到。

羽毛

每年換羽一兩次。

嗉囊

吞嚥後食物在文鳥體內短暫停留的地方。

胸肌

主要用來飛行的肌肉，約占總體重的20%。

腳

文鳥的腳趾分為前三後一。

指甲

成分為蛋白質。

泄殖腔

匯集排泄糞便、尿液、卵子與精子的大腸、輸尿管、輸卵管以及輸精管的器官。

尾脂腺

屬於頂泌腺體的一種。分泌高含脂量的皮脂。

分辨雄鳥與雌鳥的方法

判辨文鳥的性別十分困難。一般會認為雄鳥的骨架與身體特徵較為明顯。但遺傳亦是重要因素之一。若雌文鳥出自體型偏大、特徵強烈的品系，而雄文鳥出自纖細的品系，則子代雌文鳥仍有可能會顯得更為壯碩。

相同親鳥所生的個體，性別判斷上則相對容易。

雄─頭頂結實而平坦
雌─充滿圓潤感

足部

雄─略為內八
雌─微微外開

鳴唱方式

雄─會鳴唱
雌─不會鳴唱

鳥喙與眼圈

雄─紅得明顯，有厚度
雌─呈淡粉，較為細狹

眼睛形狀

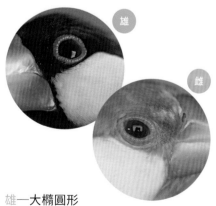

雄─大橢圓形
雌─小圓形或小紡錘形

※以上皆為判別範例，會因個體差異而有所不同。不包含尚未性成熟的幼鳥。

基本動作

鳥喙

文鳥的重點魅力之一就是紅色的鳥喙。點綴鳥喙的血色讓人彷彿感受到了文鳥的體溫。鳥喙也是築巢與梳理羽毛時的有用利器。

舌頭

文鳥擁有十分靈巧的舌頭,藉由唾液保持溼潤。進食完畢後也會使用舌頭來清潔鳥喙。舌頭尖端因為角質化的緣故,有時也會像毛鱗般呈現分叉的模樣。

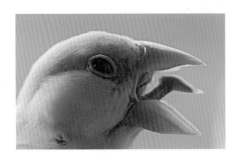

文鳥的基本資料

體溫:40～42℃
體長:約14公分
體重:約25公斤
壽命:約7～10年

眼睛

文鳥閉上雙眼時,眼瞼由下而上閉合。鳥類的眼瞼與眼球間尚有一層半透明的瞬膜。文鳥沐浴時會閉上瞬膜。

眼圈

眼圈呈現紅色的原因與鳥喙相同。換羽或身體狀況欠佳時,其顏色會變淡。文鳥彼此打鬥時,會瞄準對方的眼圈。被咬到的眼圈會破裂並轉變為白色,而且無法復原。因此,鮮豔的紅色眼圈也是文鳥強壯的象徵。

羽毛

文鳥的羽毛可用來保溫、防衛以及溝通。文鳥原產於熱帶國家，因此腹部許多區域沒有羽毛。生氣或動怒時，文鳥會豎立起頭部的羽毛；雄鳥求愛時，則會使腹部的羽毛蓬鬆，讓身體看起來更為壯碩。

腳

可用來快速地搔抓頭部與臉頰。文鳥通常以小跳躍的方式移動，但遇到高度不足的地方時，也可快步移動。打鬥時文鳥會邊拍動翅膀，邊使出踢腿攻擊。文鳥的雙腳能夠直立與倒吊，但無法以鳥爪拾起物品向上抬起。

胸肌

胸肌為高效飛行的必要肌肉。一旦文鳥體重下降，稍微以手觸摸就能感覺到胸肌大量減少。

尾脂腺

梳理羽毛時，文鳥會將尾脂腺所分泌的油脂以鳥喙塗抹在羽毛的表面，進而加強防水、防汙以及保溫的效果。

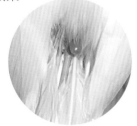

嗉囊

嗉囊位於脖子根部，屬於食道的一部分，食物在此處被溫熱溼潤後，再送往胃部。嗉囊雖只有一個，但由脖子兩側觀察時會有看似兩個的錯覺。一般來說食物較常堆積在嗉囊的右側。

生病徵兆

和平常有異時

　　若第一次飼養文鳥的新手飼主觀察到文鳥出現與平時不一樣的表現，相當有可能是患病的前兆。

　　常有飼主會將疾病徵兆錯誤解讀為「可能鳥兒本來就是這種個性」。若繼續延誤至鳥兒不願意吃東西的話，一切就太遲了。當症狀極為明顯時，病情多半已不樂觀。

　　因此，當發現「鳥兒好像和平常有點不一樣」時，請馬上至獸醫院接受診療。尤其是幼雛，得更加謹慎看待。

幼雛

- 體重下降
- 不理會餵食
- 餵食結束後嘔吐
- 常見羽毛蓬亂
- 食物未消化完全的糞便
- 停止在育雛室中走動

成鳥

- 停止沐浴
- 更換飼料後無立即反應
- 飲水量增加
- 長時間停留在相同地方
- 體重增減
- 常見羽毛蓬亂
- 眼睛與鼻腔周圍的羽毛潤溼
- 鳥喙顏色變成淡粉紅色
- 原應交疊在背後的翅膀末端垂落體側

- 臉頰周圍的羽毛脫落
- 羽毛的顏色變深
- 腳的顏色變深
- 腳趾的尺寸左右不一
- 不斷啃咬腳趾
- 指甲內出現棕色的出血斑
- 糞便的氣味強烈
- 糞便或尿液的顏色異常

用血色判斷身體變化

觀察鳥喙的血色

　　我們可以透過氣色或者微妙的氛圍變化來察覺家人身體不適。同樣道理，我們也能透過鳥喙的外觀來判斷文鳥的氣色。鳥喙大小雖然只有約一公分，卻能表現文鳥的身體狀態。

　　若能時常關注文鳥，只要牠一有變化便能立刻知曉。因此，平時請務必認真觀察文鳥動態。只憑記憶恐有曖昧模糊的時候，所以建議最好也能拍攝一些正常活動的照片作為參考。

　　此外請特別注意，幼雛鳥喙的色澤有個體差異，且會隨成長變化。

因此透過鳥喙判斷血色的方法只適用於成鳥。

注意眼圈與足部

　　除了傳染病與內臟病變外，卵阻塞也會造成文鳥的血色變化。嚴重的話，鳥喙與足部都會發紺，顏色變化十分明顯。鳥兒的身體狀態不佳時，眼圈亦會輕微腫脹。

　　日常生活中稍有身體不適也會透過血色表現出來。當低溫造成血液循環系統衰弱時，即使文鳥未表現出寒冷的模樣，鳥喙、眼圈與足部的顏色也會變深；經過保溫重回健康後，顏色也會自然恢復。

透過照片了解血色變化

1 內臟病變造成的健康惡化 ·····················

2 鳥喙色彩黯淡，足部也愈偏藍色。文鳥雖看起來仍活潑有朝氣，但此時最好儘速就醫。

1 足部的顏色仍十分漂亮，但鳥喙已稍微帶點藍色。

3 鳥喙與足部的變化已明顯到新手飼主也能看出來。鳥兒雖仍會進食，但病程已發展到末期。

2 卵阻塞的發作到結束 ·····················

2 次日產下一顆蛋。鳥兒略顯疲態，但眼神裡的氣力增加。深紫色的鳥喙也可見好轉。

1 上手時感受到鳥兒的體重增加，觸摸下腹部後確認體內有蛋。鳥喙與足部的氣色不佳，眼圈亦有腫脹現象。須連同鳥籠進行31～34℃保溫。

3 蛋殼上帶有血絲。懷疑鳥體內有發炎現象。自此一週左右暫停放風，使鳥兒安靜休養。

4 產卵後第三週。眼圈消腫變細，血色也恢復正常。足部的顏色十分漂亮。

永保健康的飼養方法

鳥舍中的文鳥

有些繁殖業者在冬天時不使用保溫設備，而是採用可關窗的組合屋作為鳥舍，用來飼養健康的文鳥，並給予大量種子作為飼料。除此之外筆者對繁殖鳥舍並無特殊印象。文鳥若自出生時便一直待在鳥舍，歷經嚴暑寒冬，或許反而會因此變得更強壯。

不是手養文鳥所以沒有安排放風時間。白天時鳥兒們一起玩耍，天色變暗時便一同休憩。

養在陽臺盆栽的稗種子。未成熟的稗種子大獲文鳥好評。

規律的生活

健康長壽的手養文鳥多半擁有規律的生活，一年之中皆維持在晚間 7 點左右就寢。

這個時間對於必須一整天在外奔波的飼主來說或許有些為難。在家中等待飼主回家一起玩耍的文鳥又豈不委屈。無論如何請儘量避免讓文鳥連續熬夜。

在能力所及的範圍內固定起床與就寢的時間，讓文鳥得以習慣既定的生活規律。

早早就寢

筆者過去還會和文鳥玩到半夜 12 點的時候，曾發生鳥兒肝臟肥大、過胖、猝死等事件。而後將最晚就寢時間調整至晚間 9 點後，便再也沒有遭遇過上述情形。

許多文鳥罹患肝病的原因之一或許正是熬夜也說不定。讓鳥兒在夜間能夠好好休息是極為重要的事情喔。

生命中的小雀躍

文鳥和人類一樣，遇到開心的事情就會更有精神。「文鳥什麼時候會興奮雀躍呢？」大部分的人腦中可能會浮現牠們搬運、集結碎紙或繩結用來築巢的模樣。然而這樣的行為其實會促使雌鳥發情，因此並不推薦。

其它會令文鳥雀躍的事物，首先莫過於吃東西。比起狼吞虎嚥地吃到飽，遠遠地偷盯著沒看過的食物，充滿戒備地思考著到底要不要吃的時候，才是文鳥默默地情緒高漲的瞬間。

當文鳥對於眼前的食物在意不已時，飼主卻誤以為「牠好像沒興趣」的話，可就浪費這個大好機會了。若放風時間已過，不妨可以隔天再拿出來試試看。對於學習期間

在椪柑周圍蹦蹦跳跳吃得很開心的文鳥。

沒吃過的食物，文鳥一開始雖會充滿警戒而不敢靠近，但一旦看習慣了，便有機會踏出勇敢的一步，甚至愛上新滋味也說不定。

興奮地沉溺其中的文鳥，血色看起來很鮮豔飽滿，感覺對代謝功能也能有正面的影響。

不健康的飼養方式

依據筆者的自身經驗，羅列幾項自身認為不太妥當的飼養習慣提供各位讀者參考。

- 與文鳥玩耍到深夜
- 深夜時，在就寢的文鳥周圍不斷來回走動
- 放風時，放任文鳥撿拾地板上的東西來吃
- 一整天皆未理會文鳥，使其感受孤獨

就診前的注意事項

尋找值得信賴的動物醫院

　　若居住的地區有專門的鳥醫院，那可謂是十分幸運的事情呢。專看鳥類或兼看鳥類的動物醫院並不多，要找到合適的家庭醫生並不是一件容易的事。

　　若有計畫飼養文鳥，請先篩選出數家動物醫院。以診療對象為「鳥」作為前提，將目標設定在可達範圍為單程兩小時以內的地方，文鳥的體力都尚可負荷。

　　上網搜尋亦是方法之一，然而資訊基本上會集中於都市地區，且情報可能也會有誤差。自己親自實地尋訪才是最可靠的方法。

事前致電確認

　　將文鳥接回家後，請致電事先挑選出的動物醫院，詢問是否能夠進行文鳥的健康檢查。得到正面答覆後，可再深入詢問是否包含嗉囊的檢查。能夠進行嗉囊檢查的醫院相對來說更有前往的意義。

　　至於獸醫師本身是否值得信賴，則必須等到實際接觸後才能判斷。初次前往動物醫院的飼主難免會緊張，但試著聯繫三間左右的醫院後，大致上就能了解各個院所的長處與短處了。

　　興許有些人會認為：「不必做到這種程度吧？」然而，若等到千鈞一髮之際，稍有閃失可就後悔莫及了。讓我們一起防範於未然吧。

前往動物醫院

接著讓我們實際前往動物醫院。若醫院需要事先預約，請按照院方在電話中的指示攜帶必要物品或遵從其前往方式。務必事先準備，切勿遺漏。若無特殊指示則請遵照普通的外出守則（參照 76 頁）。

考量到或許有身體檢查的需要，建議將文鳥當天的糞便裝入乾淨的食品級夾鏈袋中，一同帶到動物醫院。

若路途中幼雛需要餵食，則應攜帶餵食器具並在水壺中注入熱水。鳥專門醫院自然沒有問題，若是兼看鳥類的一般犬貓醫院，請交待院方鳥兒需要人工餵食，並確保有安全可進行餵食的地方。

就診時也可能發生等候時間過長或者路途中發生意外等，以至於所需時間比預期中來得更長。為了以防萬一請也做好下列的準備。

······················〈事前準備〉······················

計算出發到抵達需耗時多久，並儘量預留充分的時間。

為避免飲用水不足，請準備常溫的瓶裝水。

除了外出籠內的飼料外，請另外攜帶備用飼料。

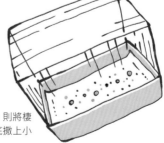

若文鳥體態虛弱，則將棲木移除，並在籠底撒上小米穗與飼料。

文鳥常見的疾病

當文鳥表現出疾病症狀，恐怕已無法自我治癒。若感覺到鳥兒的狀態與平時不太一樣，請儘速帶鳥寶至動物醫院就醫。

滴蟲感染
（傳染病）

◆原因

滴蟲感染是名為毛滴蟲（Trichomonas gallinae）的原蟲寄生。幼雛多半經由親鳥餵食感染。寵物店內的市售幼雛則多因共用餵食器而感染。

◆症狀

幼雛會因食道炎、嗉囊炎或者口腔內黏液增加等原因而無法進食。有時也可觀察到搖頭後嘔吐的情形。

若有二次感染，則可能在口腔內出現黃色化膿或者呼吸有水聲等情形。受感染的成鳥在身體健康時不會有發病症狀。

◆治療

投以抗原蟲藥等方式治療。也有需要長時間治療的病例。

◆預防

若育雛室環境不佳，則帶原幼雛會立刻發病。溫溼度若控管得宜則可抑制症狀發作。建議在幼雛可獨立進食前進行健康檢查。幼雛在變成成鳥後仍有持續帶原的可能性。為避免症狀在未來體力衰弱時發作，以及避免其牠鳥類感染，應進行驅蟲治療。

球蟲感染
（傳染病）

◆原因

經口攝入受感染鳥類所排放的含原蟲糞便而感染。大多數皆在孵化場所被感染。

◆症狀

腸黏膜受損、未消化完全的糞便，褐色軟便、偶爾可見血便、腹部膨脹。

◆治療

投以抗球蟲藥。

◆預防

將可能帶原的鳥類隔離。最好能在症狀發作前進行檢查與驅蟲。

皮膚真菌感染（傳染病）

◆原因

為黴菌感染的一種。營養失調、環境壓力、濫用抗生素與類固醇等皆可能為感染原因。

◆症狀

頭皮上會出現類似黃色的結痂，且羽毛逐漸脫落。瞬膜若遭感染則使鳥兒看起來淚眼汪汪，眼瞼也可能出現無法閉合的情形，文鳥會因搔癢而過度搔抓導致流血。

◆治療

投以抗黴菌藥。

◆預防

保持籠內清潔，維持每天沐浴的習慣。

肝衰竭

◆原因

細菌或病毒感染、肝炎、脂肪肝等都是致病的原因。

◆症狀

動作變得緩慢、多渴多尿、食慾不振、體重下降、下痢等。

◆治療

給予強肝劑、加強營養管理，安靜休養。

◆預防

避免傳染病與過度肥胖，注意有毒物質。

卵阻塞

◆原因

因產卵時或產卵後用力過猛導致輸卵管反轉脫垂。可見內臟組織突出於泄殖腔外。組織乾燥後將壞死，因此請立刻就醫，儘早將其塞回體內。

◆治療

以生理食鹽水溼潤棉花棒後，將輸卵管壓回體內。若二度脫垂則重複相同動作。請在就診時請教獸醫師操作方法，若鳥兒狀況不佳，則可能需要進行手術縫合。

◆預防

請避免使鳥寶出現無意義的產卵行為。從不讓獨養的雌鳥發情開始做起。

骨折

被其牠鳥類追趕或者受到驚嚇起飛時，撞到牆壁或家具導致骨折。請避免在同一時間放風相處不融洽的文鳥，單獨飼養也請儘量避免讓其受到驚嚇。

若文鳥出現「飛不起來」、「不能走路」、「出現細碎的顫抖」等情形，請儘速前往醫院就診。

燒傷

鳥兒泡進裝有熱水的杯中或者站到瓦斯爐上導致燒燙傷。當下請立即固定患部並用冷水沖洗。即便看起來沒有大礙，後續仍有組織壞死的可能性，因此切勿僥倖。同時為避免文鳥舔舐，請勿使用塗抹類型的外用藥。總而言之，請不要讓鳥兒在可能隱藏危險的場所進行放風活動。

指甲剪太深

擦去指尖的血後，用太白粉或麵粉在傷口上以指按壓。若能順利止血則無大礙。其它也有使用線香灼燒止血的方法，但操作時請避免讓文鳥吸入煙霧。新手飼主若感到困難，建議前往動物醫院尋求協助。

第五章

配對與繁殖

文鳥和談戀愛的人類一樣，有各自的喜好、眉角，要配對成功可不是件簡單的事。不過，只要飼主願意下點功夫，就能讓文鳥的感情世界一帆風順。讓我們一起守護文鳥們滋長的愛苗與愛的結晶吧！

如何進行文鳥繁殖

為生命負起責任

　　成對飼養的文鳥若感情融洽，接著便能讓牠們嘗試繁衍後代。看著新生命在眼前誕生、成長的模樣，是一件多麼棒的事呀。

　　然而，有繁殖成功的幸福家庭，相對地就有失敗的不幸案例。諸如死產或親鳥筋疲力盡，甚至放棄育雛等。

　　如此一來，理想中的繁殖美夢破滅，飼主也不得不背負責任。

　　無論在繁殖過程中發生任何狀況，都請做好守護文鳥們到最後一刻的決心。

文鳥的發情

發情及產卵的適當時期

　　文鳥的發情期一般為秋天到隔年春天。此一時期內滿足「有喜歡的對象」、「有足夠的糧食」、「有安全產卵的地方」三項條件，鳥兒就會發情。發情雌鳥的卵巢與輸卵管會開始作用，重量也將達未發情時的十倍左右。

　　然而，文鳥有時會因感到疲憊、情緒低落或者其它瑣碎的理由而停止發情。如果想成功繁衍後代的話，交配時的雄鳥與雌鳥都必須處於發情狀態，因此請盡可能避免刺激任何一方。

產卵及育雛都是大工程

　　不是所有文鳥個體都能夠順利繁衍後代。對雌鳥來說，產卵是一件大工程，若沒有足夠的體力將可能因為卵阻塞而危及生命。

　　想配對親人的手養文鳥亦非易事。很難讓這些成長過程當中認定飼主為其伴侶的文鳥與其他個體親近配對，尤其單獨飼養的文鳥更是難上加難。

不適合繁殖的個體

● **出生後未滿八個月**
文鳥約六個月左右性成熟，但有些個體發育會較為緩慢。

● **體型偏小的雌鳥**
未滿22公克的雌鳥因骨盤過小，無法生出正常的蛋，其形態多半會接近球狀或呈細長狀。這種蛋無法孵出小鳥。繁殖業者所使用的個體體重多在30公克上下。

● **生病、投藥中或者過胖的個體**
無論性別，凡是傳染病帶原者皆NG。不健康的親鳥也不應用於繁殖。

● **四歲以上的雌鳥**
若雌鳥初產時已超過四歲，則可能因體力不足而增加風險。

觀察文鳥的速配程度

相親測試

在未發情狀態下，仍可為文鳥們安排相親。然而這並非冒昧地將兩隻鳥關在一個鳥籠或者一起放風，請避免這樣的作為。

若其中一方認真發動攻擊，則二鳥絕無再親近的可能性。相親過程中，請勿大意導致爭端，步步為營小心進行，方為上策。

相親順序

1.將鳥籠並排

即便看似渺無希望，仍可試著將鳥籠並排四到五天。確認這段時間內雄鳥是否有靠近雌鳥，並出現鳴唱的行為。若雄鳥未對雌鳥鳴唱，則配對成功的可能性偏低。

2.一起放風

確認「雙方皆未朝對方威嚇」以及「雌鳥會聆聽雄鳥的鳴唱」兩點後，即可嘗試將二鳥一起放風30分鐘左右。若感覺雙方快要起爭執時，則將鳥兒放回各自的鳥籠內。

3.一起生活在同一鳥籠內

一週過後，在放風時間結束時，將雄鳥放入雌鳥的鳥籠中。若文鳥表現出驚慌失措的模樣，則應迅速將其移出。第一天先測試30分鐘左右，接著慢慢延長時間。一週左右後便有機會開啟同居生活。若觀察到文鳥們感情融洽地一起進食，則表示配對成功率高。

從求偶到孵蛋

求愛舞蹈與交配

　　文鳥的交配由雄鳥向雌鳥展示求偶舞蹈開始。雄鳥會邊鳴唱邊如同橡皮圈般不斷地彈跳。這是雄鳥專為雌鳥所獻上的歌曲與舞蹈表演。

　　雌鳥若也對雄鳥傾心，則會低下頭將背部壓低，尾羽高高抬起並小幅度地震盪擺動。此為同意交配的訊號。隨後雄鳥會持續鳴唱與舞蹈，並一邊朝雌鳥靠近，維持著彈跳律動再順勢飛到雌鳥背上。接著雄鳥會折起腰部，不斷拍動翅膀取得平衡並進行約兩秒的交配受精。

產卵及孵卵

　　交配受精後，大約三天會產下第一顆蛋。雌鳥體內有儲藏精子的結構，可逐步受精。每顆卵子，每天約可製造一顆受精卵，一週內合計約可產下六顆蛋。初產的雌鳥最多僅產下二至三顆蛋。

　　待產下三至四顆蛋後，文鳥才會開始孵蛋。雄鳥與雌鳥皆同樣會孵蛋，有時牠們會輪流進入鳥巢中，有時候則會一起孵蛋。大約 18 天後，第一隻幼雛便會誕生。

孵蛋中的注意事項

默默地守候

孵蛋中的親鳥會全神灌注，甚至會威嚇飼主。孵蛋是繁殖失敗率最高的時期。尤其對於原本每天都能放風玩耍的手養文鳥而言，不得不一直待在鳥籠裡孵蛋這件事實為莫大的壓力。

文鳥們也會在意飼主的視線，因此即使飼主滿腔關心也嚴禁窺探鳥巢。一旦文鳥產生被天敵發現的錯覺，甚至有可能放棄一整窩鳥巢。

對於初次孵蛋的過程，請避免打擾文鳥，遠遠地守護牠們吧。此外，切勿在鳥籠前使用吸塵器，鳥籠的清潔也可視情形避免。

〈繁殖用鳥籠〉

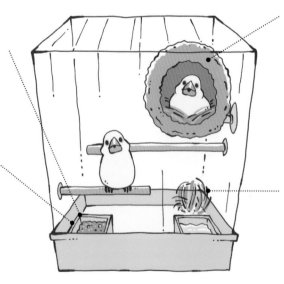

大量食物
繁殖時請給予大量食物。也可少量供給綠色蔬菜與牡蠣粉等。

箱型巢或壺型巢
若鳥籠內無法容納壺型巢，建議可換成較大尺寸的鳥籠。

蛋白質食物
蛋白質食物可使文鳥更易發情。與飼料分開給予。若開始孵卵則停止供應，待幼雛出生後再重新投食。

築巢用草
將草料插在鳥籠的隙縫間，文鳥會將草料銜至巢中。

column8

訓練幼雛上手
的時間點

　　若想訓練新生幼雛上手，可在出生後約 12 日齡時將幼雛取出。這就是所謂的「人工離巢」。

　　若有複數幼雛，因每隻鳥的出生日不同，等到同一鳥窩中的幼雛皆滿 12 日齡後再一次全部取出。即便在巢中留下半數幼雛，親鳥也可能因為數目改變而放棄育雛。因此，請在全窩取出或全窩留下之間做出抉擇。

　　若人工離巢時間過早，會因幼雛的嘴巴過小而餵食困難；若過晚，幼雛易對飼主產生恐懼，也會導致餵食問題。若幼雛出現害怕飼主的模樣，請在將牠由巢中取出後，靜置育雛室內休息一小時後再嘗試餵食。幼雛肚子餓張口討飯時是餵食的好時機。經歷一次人工餵食後，幼雛便會逐漸熟悉人類。

　　人工離巢後即便因為任何理由將幼雛放回巢中，也多半會被親鳥拒絕撫養。因此，一旦將幼雛由巢中取出，請做好不自己養不行的心理準備。

　　若將幼雛全部留在巢中，則所有幼雛都將變成野鳥。若親鳥為手養文鳥，則幼雛或許有模仿親鳥靠近飼主身邊的可能性，然而要訓練到上手，則需要飼主的耐心與極長的時間。

　　關於人工離巢的幼雛飼養方法請參照本書第 36 頁。

文鳥的育雛方式

幼雛的誕生

孵化當天的幼雛不會進食。幼雛腹部中心抱有卵黃囊，可提供一兩天的營養來源。因此不必擔心「鳥爸、鳥媽都沒給寶寶吃任何東西」。

每天約各會有一隻幼雛孵化。第二天開始，幼雛會發出微弱的哭聲，請求親鳥餵食。幼雛的哭聲會愈來愈響亮，到了第五天，即便在很遠的地方都能聽到。

育雛中的注意事項

與孵蛋時相同，育雛時期儘量不要做出窺探巢中的動作。親鳥若受到驚擾，有可能會將幼雛丟出巢外，置之不理。

親鳥無論雌雄都會擔負餵食幼雛的工作。隨著幼雛逐漸長大，白天時親鳥會毫不間斷地進行餵食。因此請大量補給，避免糧食短缺。

若親鳥為手養文鳥，待其習慣育雛後，便會向飼主發出「我想出去」的訊號。此時可輪流將親鳥放風 10 分鐘左右。親鳥轉換心情後，彷彿也會因在意巢中的幼雛而迅速自行回籠。

初次繁殖失敗後，後續失敗的機率也會跟著提高。因此請盡可能地不要干擾文鳥。

親鳥們會將食物反芻餵給開始小聲啼哭的幼雛。

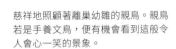

慈祥地照顧著離巢幼雛的親鳥。親鳥若是手養文鳥，便有機會看到這般令人會心一笑的景象。

圖中的親鳥雖未露出戒備的模樣，但一般狀況下親鳥通常會將弱小的幼雛或鳥蛋藏在羽毛底下。

哭求著餵食的幼雛們。可用體型大小來判斷幼雛的出生順序。複數幼雛較為安定也更容易飼養。

出生約一個月後，即將開始自行進食的幼雛們。有粉紅色嘴喙的是白文鳥，褐色嘴喙則為櫻文鳥。

若希望文鳥可將飼主視為伴侶並訓練其快速上手，則必須改為單獨飼養。

更多想知道的文鳥 Q & A

當文鳥感到寒冷時，會用羽毛將雙足蓋住，以防止熱量散失。有時也會將鳥喙埋在背上。

Q1

為什麼文鳥想睡覺的時候雙足會變熱呢？

A

為了入睡，文鳥的體溫會下降，此時腳上的微血管會擴張並釋放熱量。此為副交感神經作用。

Q2

為什麼有時候文鳥會選擇站在腳背上而不是手上呢？

A

因為站在腳上比較沒有被抓住的感覺。

當文鳥想悠閒地度過放風時間，不願被碰觸又希望能夠感受飼主體溫時，便會選擇站在飼主的腳上。

將兩隻親人的手養文鳥一起放風，配對成功率會更高。

 Q3

當家中已有一隻親人的手養文鳥，若想再收養一隻幼雛，且希望兩隻鳥寶皆能與飼主親近的話，該怎麼做比較好呢？

 A

應先將第二隻幼雛單獨飼養訓練。學習期結束前，請與另外一隻文鳥隔離，在互不相見的狀態下飼養。放風時間也應分開進行。

 Q4

文鳥有時會在半夜暴走。可能原因是什麼？

 A

因寒冷導致自律神經混亂引起「類癲癇」，或者因穿透簾幕的手機亮光等，使文鳥受到驚擾。

當文鳥無法冷靜下來時，切勿將其取出籠外，請開啟照明設備靜靜守護在牠身旁。

 Q5

雌鳥也會跳求偶舞嗎？

 A

雖然很稀有，但的確有這樣的個體存在。主動發出邀約的雌鳥會像雄鳥一樣彈跳舞蹈，並以「Q～Q～」的叫聲取代鳴唱。

一般求偶都由雄鳥進行，若反過來被主動出擊，雄鳥們也會很開心吧。

勇於向飼主發牢騷也是感情好的證據之一。

Q6

半夜起床的時候，本該在睡覺的文鳥卻像在生氣地發出「嚕嚕嚕」的聲音。可能原因為何？

A

或許可以看作是文鳥正對著飼主發脾氣。「說話或發出的聲音好吵」「亮光一直透進鳥籠來」「為什麼你比平時還要晚睡」等等，因為各種理由而訓斥著飼主。

Q7

要是我過世了，文鳥們該怎麼辦呢？

A

請將文鳥託付給願意珍惜疼愛牠們的朋友或家人。事前先做好約定，若能留下白紙黑字的紀錄更佳。

死亡對於堅信著「這個瞬間會持續到永遠」的文鳥來說，想必很困惑吧……

「你可以為我付出多少時間？」要是被文鳥這樣質問，飼主們恐怕會很驚慌呢。

Q8

該怎麼做才能在眾多家人中成為文鳥的最愛呢？

A

比家中任何人花費更長時間與文鳥相處、說話。

◆圖片提供
（列名無先後順序・敬稱省略）
Kobayashi Sachiko
小泉文子

◆參考資料
《伴侶鳥寵的疾病小百科》
（コンパニオンバードの病気百科）
（小嶋篤史著・小社刊）

作者、內文照片

伊藤美代子

定居高知縣。小學一年級開始飼養文鳥至今。自1994年開始從事文鳥的相關寫作，並與友人一同前往印尼展開尋找野生文鳥之旅。2005年時將10月24號制定為「文鳥日」並獲得日本記念日協會認證。

攝影師

愛鳥攝影家 Opi～Toumoto

1969年生，屬雞，從小在鳥兒環繞下生活。以鳥類寫真為主進行各式活動。除了捕捉鳥類惹人憐愛的動作與瞬間外，更使用透明鐵絲精心製作了《庫皮～庫皮～的氣球冒險》與《傑克的飛天傘》兩本獨樹一格的代表作品。《令人心動的鸚鵡圖鑑》為其首部著作，其它作品包括小鳥日曆「可愛的鸚鵡」、「文鳥」以及鳥類寫真集等。綽號「Opi～」與頭像中的桃面愛情鸚鵡皆來自已逝的愛鳥。

http://opi.toumoto.net
https://www.facebook.com/OPi.Toumoto/

美術設計… 宇都宮三鈴

插圖 … HoozukiJirushi
（BIRD STORY）

編輯協助 … Clinic Club

DTP … Merusing

寵物館 108

第一次養文鳥就上手
文鳥：育て方、食べ物、接し方、病気のことがすぐわかる！

作者	伊藤美代子
譯者	淺田Monica
執行編輯	曾盈慈
封面設計	高鍾琪
美術設計	陳佩幸
創辦人	陳銘民
發行所	晨星出版有限公司
	台中市407 工業區30 路1 號1樓
	TEL：（04）23595820
	FAX：（04）23550581
	http://star.morningstar.com.tw
	行政院新聞局局版台業字第2500 號
法律顧問	陳思成律師
初版	西元2021年09月01日
讀者服務專線	TEL：（02）23672044／（04）23595819＃230
讀者傳真專線	FAX：（02）23635741／（04）23595493
讀者專用信箱	service@morningstar.com.tw
網路書店	http://www.morningstar.com.tw
郵政劃撥	15060393（知己圖書股份有限公司）
印刷	上好印刷股份有限公司

定價 350 元

ISBN 978-626-7009-43-7

國家圖書館出版品預行編目(CIP)資料

第一次養文鳥就上手 / 伊藤美代子著；淺田Monica譯. -- 初版. -- 臺中市：晨星出版有限公司, 2021.09
面；　公分. --(寵物館；108)
譯自：文鳥：育て方、食べ物、接し方、病気のことがすぐわかる！
ISBN 978-626-7009-43-7(平裝)

437.794　　　　　　110011159

填回函
送E-coupon

養文鳥就上手

文鳥：育て方、食べ物、接し方、
病気のことがすぐわかる！

伊藤美代子 著

淺田 Monica 譯

照護、餵食、互動、
疾病、健康管理的
全方位指南一本通！

晨星出版